MÉMOIRE PHOTOGRAPHIQUE

Techniques de Mémoire de Base et Avancées pour Améliorer votre Mémoire

-

Techniques Mnémoniques et Stratégies pour Améliorer la Mémorisation

EDOARDO
ZELONI MAGELLI

© Copyright 2024 Edoardo Zeloni Magelli - All right reserved.

ISBN: 978-1-80362-798-4 - Version originale: Memoria Fotografica: Tecniche di Memoria di Base e Avanzate per Migliorare la Memoria - Tecniche Mnemoniche e Strategie per Migliorare la Memorizzazione (Août 2019)

L'Auteur : Psychologue, homme d'affaires et consultant. Edoardo Zeloni Magelli, né à Prato en 1984. En 2010, peu après avoir obtenu son diplôme en psychologie du travail et des organisations, il a lancé sa première startup. En tant qu'homme d'affaires, il est PDG de la société Zeloni Corporation, une entreprise de formation spécialisée dans les sciences mentales appliquées aux affaires. Sa société est un point de référence pour quiconque souhaite concrétiser une idée ou un projet. En tant que scientifique de l'esprit, il est le père de la Psychologie Primordiale et aide les gens à renforcer leur esprit dans le plus bref délai possible. Amateur de musique et de sport.

UPGRADE YOUR MIND → zelonimagelli.com

UPGRADE YOUR BUSINESS → zeloni.eu

Le contenu de ce livre ne peut être reproduit, dupliqué ou transmis sans autorisation écrite directe de l'auteur.

En aucun cas, aucune responsabilité ou sanction légale ne sera impute à l'auteur, pour tout dommage, réparation ou perte financière, résultant des informations contenues dans ce livre, que ce soit directement ou indirectement.

Avis légal : Ce livre est protégé par le droit d'auteur. Ce livre est destiné uniquement à un usage personnel. Vous ne pouvez pas modifier, distribuer, vendre, utiliser, citer ou paraphraser une partie ou le contenu de ce livre sans le consentement de l'auteur ou de l'éditeur.

Avis de non-responsabilité : Veuillez noter que les informations contenues dans ce document sont uniquement à des fins éducatives et de divertissement. Tous les efforts ont été déployés pour présenter des informations précises, à jour et fiables. Aucune garantie d'aucune sorte n'est déclarée ou implicite. Les lecteurs reconnaissent que l'auteur n'offre pas de conseils juridiques, financiers, médicaux ou professionnels. Le contenu de ce livre provient de diverses sources. Veuillez consulter un professionnel agréé avant d'essayer les techniques décrites dans ce livre.

En lisant ce document, le lecteur accepte que l'auteur ne soit en aucun cas responsable des pertes, directes ou indirectes, encourues en raison de l'utilisation des informations contenues dans ce document, y compris, mais sans s'y limiter, les erreurs, omissions ou inexactitudes.

TABLE DES MATIERES

Introduction..11

1. Apprenez à Connaître Votre Mémoire..............................**23**

    Le Fonctionnement de la Mémoire..24

        Le Encodage..25

        Le Stockage...26

        La Récupération..28

        Les Interférence avec le Fonctionnement de la Mémoire.........31

    Les Types de Mémoire..34

        La Mémoire Sensorielle..34

        La Mémoire à Court-Terme..37

        La Mémoire à Long-Terme...38

    La Mémoire Photographique...41

2. Avantages de la Mémoire Photographique......................**45**

    Vous Obtiendrez de Meilleures Performances sur le Plan Académique..46

    Vous Vous Souviendrez De Plus d'Information En Détail............48

    La Mémoire Photographique Renforce Votre Confiance en Vous.50

Vous Deviendrez Plus Attentif(ve)..52

Vous Deviendrez Plus Captivant(e) Dans Vos Interventions Publiques...54

Vous Développerez Des relations Plus Profondes..........................57

Vous Deviendrez Plus Productif(ve)..57

Les Autres Avantages...59

3. Les Améliorations Du Mode De Vie Pour Votre Mémoire 61

L'Exercice..62

Dormez Suffisamment..63

Mangez Sainement..65

Prenez Des Compléments Alimentaires...66

Contrôlez Votre Niveau De Stress..67

D'Autres Moyens D'Améliorer Votre Mémoire..............................70

4. Le Palais De Mémoire...71

Comment Fonctionne Le Palais De Mémoire.................................72

La Mise En Place De Votre Propre Palais De Mémoire.............73

Vous Pouvez Avoir Plus D'Un Palais De Mémoire........................77

5. L'Œil De l'Esprit..81

Gardez Votre Œil De L'Esprit Clair..83

L'Observation Est Primordiale..83

Notez Les Informations..84

S'Arrêter Et Humer Les Roses..................86

6. La Carte Mentale..................89

Les Fondamentaux De La Carte Mentale..................92

Créez Votre Carte Mentale..................95

7. La Famille Des Mnémoniques..................99

Les Principes Fondamentaux Des Mnémoniques..................100

    L'Association..................100

    L'Emplacement..................102

    L'Imagination..................102

Les Types De Mnémoniques..................103

La Rime Ou L'Ode..................103

    Les Acronymes..................104

    Les Graphiques Et Les Pyramides..................105

    Les Connexions..................105

    Les Mots Et Les Expressions..................106

    Les Acrostiches..................107

8. Les Techniques De Mémoire De Base..................109

Prenez Des Notes..................109

Apprends Comme Si Tu Allais Enseigner..................112

Organisez Votre Esprit..................113

    Utilisez Une Liste Ecrite..................114

Maintenez Une Cohérence...115

Soyez Conscient(e) Du Risque De Surcharge D'Informations 116

Les Aide-Mémoire..117

Trois Eléments Importants..120

Conseils Pour Rendre Les Crochet Mémoire Intéressants.....121

La Méthode Du Regroupement..122

La Technique De Liaison..123

Le Principe SEE..126

Le S pour Sens..126

Le E pour Exagération..126

Le E pour Energie...127

De Conseils De Mémorisation..128

Préparez-Vous à Votre Session d'Etude à la Mémorisation...129

Enregistrez et Notez les Informations......................................130

Ecrivez à Nouveau les Informations...131

Soyez votre Propre Professeur...133

Continuez à Ecouter les Enregistrements................................134

9. Les Techniques Avancées..135

La Méthode De La Voiture..136

Le Système Des Chevilles..139

Pourquoi Utiliser la Méthode des Chevilles............................141

La Méthode des Rimes D'Ancrage 144

La Méthode des Associations Alphabétiques 146

La Méthode des Formes d'Ancrage 148

Mémorisez Un Jeu De Cartes 150

Créez Un Palais De Mémoire 152

La Mémorisation et le Rappel 154

La Méthode Militaire 154

10. Comment Se Souvenir 157

La Mémorisation Des Noms 160

La Connexion Au Lieu De Rencontre 162

La Connexion D'Apparence 164

La Connexion De Caractère 167

La Mémorisation Des Chiffres 169

La Technique Du Voyage 172

La Méthode Des Formes Numériques 173

11. Continuez A Renforcer Votre Mémoire 175

Les Conseils Pour Vous Mener Au Succès 176

Restez Concentré(e) 176

Consacrez Du Temps Chaque Jour 179

Ne Vous Permettez Pas De Procrastiner 180

Découvrez Des Méthodes Pour Améliorer Votre Concentration
.... 182

Restez Toujours Maître De La Situation..................................182

Pratiquez L'Autodiscipline..183

12. La Pratique Mène A La Perfection...............................189

Exercice #1 : Mémorisez Les Noms..189

Exercice #2 : Le Palais de Mémoire...191

Une Technique Bonus : L'Approche Basée Sur Les Emotions.....193

Conclusion...199

"La Mémoire est le trésor et la gardienne de toutes choses"

MARCUS TULLIUS CICÉRON

Introduction

Les historiens font remonter la mémoire à l'époque d'Aristote il y a 2 000 ans. En vérité, c'est Aristote qui a d'abord tenté de comprendre la mémoire lorsqu'il a déclaré que les êtres humains naissaient comme une ardoise vierge. Cela signifiait que tout ce que nous savons, nous l'avons appris après notre naissance. À bien des égards, il avait raison, car la plupart de ce que nous apprenons et retenons se produit au cours de notre vie.

Ce livre n'est pas seulement destiné à devenir un guide pour débutants, mais aussi à être considéré comme l'un des livres les plus complets sur l'amélioration de votre mémoire photographique. Alors que la plupart des livres sur le marché se pencheront soit sur les techniques de base soit sur les techniques avancées, Mémoire Photographique examine les stratégies des deux. De plus, il abordera les méthodes que vous pouvez utiliser dans votre vie quotidienne pour améliorer votre mémoire avec les tâches quotidiennes.

Le premier chapitre propose une initiation à découvrir votre mémoire. Vous devez être capable de d'assimiler ce qu'elle est, comment elle fonctionne et quelles parties elle comporte avant de pouvoir comprendre au moins une partie de votre mémoire. Ce chapitre discutera du processus de la mémoire et des éléments qui peuvent interférer avec elle. En outre, vous serez en mesure d'identifier différents types de mémoire avant d'aborder la principale, qui est la mémoire photographique.

Le chapitre 2 se concentre sur les raisons pour lesquelles vous pourriez vouloir améliorer votre mémoire photographique. Après tout, si vous allez consacrer votre temps et votre énergie à apprendre toutes les techniques de base et avancées qui y sont liées, vous devriez connaître les avantages qui accompagnent l'amélioration de votre mémoire photographique. Par exemple, quels sont ses effets sur vos performances académiques ?

Le chapitre 3 examine les changements de mode de vie que vous pourriez devoir apporter afin de déployer les meilleurs efforts pour améliorer votre mémoire. L'un des sujets que je discuterai dans ce chapitre est l'importance de l'exercice et du sommeil adéquat pour l'esprit. Vous examinerez également comment une alimentation plus saine et la prise de suppléments vous aideront à améliorer votre fonction cérébrale.

En plus de cela, vous devez prendre en compte votre niveau de stress. Vous vous demandez peut-être quel est le lien entre le stress et la mémoire ? Certaines personnes disent que le premier peut être bénéfique pour la seconde, mais beaucoup d'autres pensent que le stress peut affecter négativement votre mémoire, surtout s'il devient chronique.

Le chapitre 4 examinera ce que les gens considèrent comme la fondation ou la technique la plus importante pour construire votre mémoire photographique : *le Palais de Mémoire*. Celui-ci est également connu sous le nom de palais mental ou méthode des lieux. Si vous avez déjà effectué des recherches sur le sujet, vous avez probablement rencontré des termes similaires qui s'y rapportent. Cependant, pour les besoins de ce livre, je le désignerai comme le palais de mémoire.

Dans ce chapitre, vous découvrirez non seulement les subtilités du palais de mémoire, mais vous serez également guidé(e) pas à pas pour établir votre tout premier palais mémoriel. Par la suite, vous explorerez la possibilité d'avoir plusieurs palais de mémoire.

Le chapitre 5 va aborder *l'Œil de l'Esprit.* Il est probable que, lors de vos recherches sur l'amélioration de votre mémoire ou sur tout autre sujet, vous ayez déjà entendu parler de l'œil de l'esprit. Cependant, en ce qui concerne votre mémoire, qu'implique-t-il ? De plus, quelles informations importantes devez-vous connaître pour vous assurer que votre œil de l'esprit fonctionne correctement ?

Après tout, il s'agit là d'un élément crucial de votre mémoire, vous devez donc vous assurer qu'il est aussi clair que possible. Sinon, vous pourriez vous retrouver en difficulté. Un aspect spécifique que vous découvrirez est comment observer et prendre le temps d'écrire les informations contribuera à maintenir l'acuité de votre œil de l'esprit.

Le chapitre 6 tourne autour de la *Cartographie Mentale*. Il s'agit d'un chapitre important car de nombreux débutants confondent souvent le palais de mémoire et la cartographie mentale. Bien que vous puissiez trouver des similitudes entre les deux, ils ont également beaucoup de différences. Dans ce chapitre, je vous guiderai à travers la manière appropriée de créer votre propre carte mentale avec les informations nécessaires.

Vous pourriez constater que vous préférez la cartographie mentale à la création d'un palais de mémoire. Cependant, les deux sont extrêmement importants à apprendre et à pratiquer alors que vous améliorez votre mémoire.

Le chapitre 7 traite des *Mnémoniques*. Il s'agit d'une autre technique importante lorsqu'il s'agit d'améliorer votre mémoire. Cependant, vous n'apprendrez pas seulement comment utiliser un mnémonique. Vous allez également découvrir les trois principes fondamentaux qui entrent en jeu, tels que la localisation, l'imagination et l'association. Vous comprendrez également quels sont les types de mnémoniques disponibles. À travers ce chapitre, vous devriez être en mesure de déterminer quels mnémoniques sont vos préférés et sur lesquels vous devrez peut-être travailler un peu plus.

Le chapitre 8 va décrire une variété de ce que beaucoup considèrent comme étant quelques-unes des techniques de mémoire les plus faciles à utiliser. Bien sûr, il est important de prendre en compte deux facteurs lorsqu'il s'agit de techniques que vous considérez comme faciles. Tout d'abord, la plupart des techniques sembleront un peu difficiles au début. Cependant, une fois que vous les aurez pratiquées quelques fois, vous commencerez à réaliser à quel point elles sont toutes faciles. Deuxièmement, le niveau de facilité dès le départ dépend souvent de votre personnalité. Juste parce que quelqu'un dit que les *Crochets de Mémoire* sont l'une des techniques, cela ne signifie pas que ce sera le cas pour vous. Par conséquent, vous ne devriez pas vous décourager si vous trouvez que c'est plus difficile que l'une des techniques plus avancées du chapitre suivant.

La mémorisation sera également au centre du chapitre 8. Outre l'apprentissage du *Principe SEE*, de l'importance de la prise de notes et de la *Méthode du Regroupement*, vous recevrez des conseils pour vous aider à mieux mémoriser les informations. Bien que toutes les techniques ne se concentrent pas sur la mémorisation, la plupart d'entre elles le font. Étant donné que certaines personnes éprouvent des difficultés avec la mémorisation, j'ai ressenti le besoin d'inclure quelques moyens pour vous aider à atteindre maîtriser au mieux cette technique. Certaines méthodes impliqueront la fréquence à laquelle vous devrez écouter des enregistrements ou prendre des notes.

Le chapitre 9 se concentrera sur ce que certains appellent les techniques plus avancées pour améliorer votre mémoire photographique. Dans ce chapitre, nous discuterons du *Système des Accroches*, de *la Méthode des Voitures*, de la *Méthode Militaire*, ainsi que de la manière de mémoriser un jeu de cartes.

Nous avons tous du mal à nous souvenir des nombres et des noms de temps en temps. Par conséquent, le chapitre 10 va se concentrer sur certaines des meilleures méthodes pour nous aider à le faire. Par exemple, en ce qui concerne les noms, vous apprendrez que l'une des techniques les plus populaires s'appelle la *Connexion Lieu de Rencontre*. Cependant, il existe également deux autres connexions, à savoir les *Connexions de Caractère et d'Apparence*. A propos des nombres, vous découvrirez que vous pouvez utiliser la Méthode des Formes de Nombre et la Technique du Parcours. Vous devez également garder à l'esprit ce que vous avez lu sur la méthode du regroupement dans un chapitre précédent. Il est important de se rappeler que cette dernière fonctionne également très bien lorsqu'il s'agit de mémoriser des nombres.

Le chapitre 11 ne vous donnera pas seulement des conseils pour réussir à améliorer votre mémoire, mais vous aidera également à apprendre la discipline personnelle. Il existe une variété de conseils que vous pouvez utiliser pour améliorer votre mémoire, tels que rester concentré(e) et ne pas vous permettre de procrastiner.

Le chapitre 12 est une section que l'on pourrait considérer comme un bonus. Il vous proposera quelques exercices afin que vous puissiez commencer à pratiquer quelques techniques, si vous ne l'avez pas fait jusqu'à maintenant. Cependant, l'un des meilleurs aspects de ce chapitre est qu'il examine une méthode bonus, appelée la *Méthode Basée sur l'Émotion*. Alors que la majorité des techniques de mémoire photographique se concentrent sur la mémorisation, il en existe quelques-unes qui visent l'émotion. Il est important de se concentrer sur cela car l'émotion est l'un des meilleurs moyens pour les personnes d'encoder, stocker et rappeler les informations dans leur banque de mémoire. Cette technique bonus décrira une histoire fictive sur une fille nommée Alessandra. Vous lirez et noterez les émotions que vous ressentez tout au long de l'histoire. En même temps, vous pourrez prêter attention à des choses telles que les expressions faciales, car vous êtes censé visualiser cette histoire dans votre esprit comme si vous regardiez un film.

Avant de plonger dans ce que vous devez apprendre sur votre mémoire, il est important de se rappeler que vous devrez faire preuve de patience en ce qui concerne certaines techniques. Vous ne voulez pas vous retrouver épuisé(e) alors que vous essayez d'étudier chaque technique du livre pendant que vous le lisez. Vous ne devez jamais vous forcer à apprendre les techniques pour améliorer votre mémoire, car cela vous donnera une vision négative du travail nécessaire pour le réussir véritablement. En réalité, améliorer votre mémoire est l'une des étapes les plus bénéfiques que vous puissiez prendre en ce qui concerne votre santé mentale. Non seulement vous serez en mesure de vous rappeler les choses plus facilement, mais vous pourrez également réduire vos chances de contracter des maladies cognitives, telles que la démence.

Gardez en tête l'importance d'avancer à un rythme lent et régulier tout au long de la lecture de ce livre. Vous n'êtes pas obligé(e) d'assimiler les techniques au fur et à mesure de votre lecture. En réalité, il est préférable de les lire et de les comprendre avant de vous décider à apprendre comment les mettre en pratique. Cette approche vous permettra de trouver les méthodes les plus adaptées pour commencer à améliorer votre mémoire.

Enfin, il est important que vous sachiez que votre apprentissage ne s'arrête pas ici. Vous pouvez continuer à développer votre mémoire à travers mes deux prochains livres de cette série. Le deuxième, intitulé "*Entraînement de la Mémoire*", se concentre sur l'entraînement cérébral et les jeux de mémoire. Ensuite, vous devriez consulter le troisième livre de la série "*Amélioration de la Mémoire*", qui complète le trio et met l'accent sur les habitudes saines que vous pouvez adopter dans votre vie pour renforcer votre mémoire.

1. Apprenez à Connaître Votre Mémoire

Les souvenirs sont l'un des aspects les plus importants de notre vie. Ils nous aident à stocker des informations, nous donnent un sentiment d'identité et agissent comme une biographie de notre existence. Tout ce que nous connaissons reste dans notre mémoire, qui est située dans notre cerveau. Nous en avons besoin pour accomplir des tâches, ainsi que pour nous souvenir d'événements, de lieux, de noms et de responsabilités professionnelles. Sans notre mémoire, nous ne serions pas en mesure de communiquer, de connaître les noms des animaux, des amis ou de la famille, voire de mener à bien nos tâches quotidiennes.

Nous avons tous une certaine connaissance de la mémoire. Nous comprenons ce qu'elle fait et combien elle est importante. Nous savons que c'est un système extrêmement complexe, que les scientifiques étudient depuis des décennies.

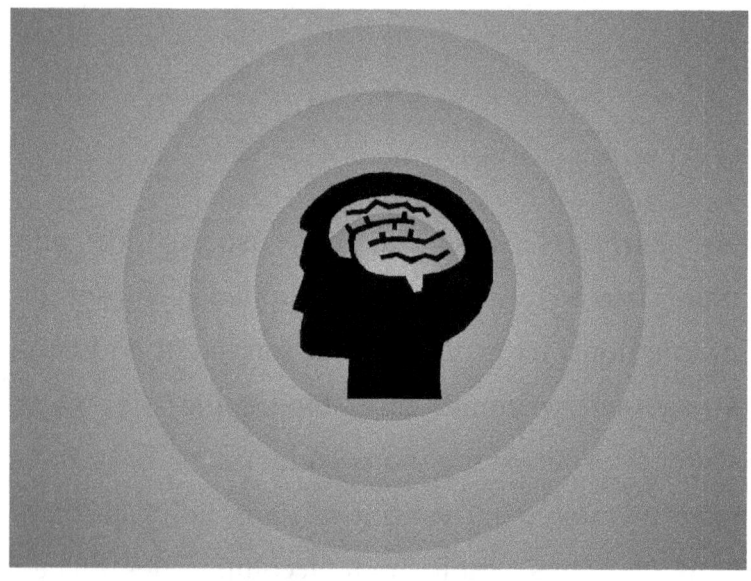

Leur objectif ultime est de comprendre comment et pourquoi elle fonctionne de cette manière.

Le Fonctionnement de la Mémoire

Le fonctionnement de la mémoire se compose de trois parties.

L'Encodage

L'encodage est la première étape du traitement des souvenirs. À ce stade, les informations commencent à entrer dans notre mémoire, afin que nous puissions nous en souvenir plus tard. Si elles ne sont pas encodées, nous n'en aurons aucun souvenir. Parce que les informations proviennent de nos entrées sensorielles, elles se transforment en une forme avec laquelle l'encodage peut fonctionner. Par exemple, alors que nous voyons un mot dans un livre, notre mémoire l'encodera par le son, le visuel ou le sens. Ce sont les seules façons dont l'encodage se produit.

Lorsque nous encodons de nouvelles informations dans notre mémoire, nous les relions à quelque chose que nous connaissons déjà. Par exemple, si vous devez vous souvenir de 3121, vous pouvez vous les chanter à vous-même en raison de la façon dont ils sonnent ensemble. Vous pouvez également trouver une signification dans la liste de nombres ou vous en souvenir comme d'une image visuelle. Peu importe comment vous pensez à ces chiffres, vous pourrez les relier à quelque chose que vous connaissez déjà.

Il existe d'autres façons dont notre cerveau encode les données. La première est le traitement automatique. Cela signifie que nous ne sommes même pas conscients de ce que nous faisons. Cela ne nous demande aucun effort. Les exemples de traitement automatique sont des détails comme l'heure et les dates. En outre, il y a le traitement volontaire, qui se produit lorsque nous essayons de nous souvenir d'événements importants, tels que l'étude pour un examen.

Le Stockage

Le stockage est la deuxième étape du fonctionnement de la mémoire, qui concerne la durée pendant laquelle nous conservons les informations au fil du temps. Plusieurs facteurs influenceront combien de jours ou d'années un détail peut rester dans notre cerveau. Pour commencer, cela dépend de la zone de notre mémoire où les informations peuvent être trouvées. Les seules options sont la mémoire à court terme, la mémoire à long terme et la mémoire sensorielle.

Lorsque les informations sont placées dans notre mémoire à court terme, elles proviennent de la mémoire sensorielle. Ce type de mémoire est limité dans le temps. En général, nous ne conservons les informations en mémoire à court terme que pendant environ une minute. Vous utilisez la mémoire à court terme lorsque vous essayez de vous rappeler un message afin de pouvoir le noter rapidement. Il y a une quantité limitée d'espace dans notre mémoire à court terme, car elle ne retient en moyenne que sept informations.

En revanche, il n'y a pas de limite en ce qui concerne la mémoire à long terme. Nous pouvons conserver des informations dans cette zone pour le reste de notre vie. Cependant, cela ne signifie pas que nous pourrons récupérer les données aussi longtemps que nous le souhaitons. La manière dont vous récupérez les informations dépend de la méthode que vous avez utilisée lors de leur traitement. La mémoire sensorielle retiendra beaucoup d'informations détaillées mais seulement pendant environ une seconde. Les données passeront ensuite soit à la mémoire à court terme, soit resteront non traitées.

Les autres éléments qui influent sur la durée comprennent notre âge, d'éventuels problèmes de mémoire, l'attrait des détails, la manière dont nous encodons les informations et le niveau d'importance des données.

La Récupération

La récupération est la troisième étape du traitement de la mémoire, et elle survient lorsque vous ramenez les informations hors du stockage. Essayer de récupérer des idées nous permet de déterminer si elles se trouvent dans notre mémoire à court terme ou à long terme. Si les informations font partie de la première, nous serons en mesure de les récupérer de la même manière que nous les avons stockées. Par exemple, si nous nous souvenons d'une liste de nombres dans un ordre spécifique - disons, 21314151 - nous la rappellerions exactement ainsi. En revanche, lorsque les informations sont récupérées de notre mémoire à long terme, cela se fait par association. Vous pouvez penser à quelque chose en raison de sa connexion avec une image ou une émotion.

Il existe de nombreux facteurs qui peuvent impacter l'étape de la récupération, comme les autres informations que vous avez enregistrées depuis lors et comment vous avez préservé ce souvenir. Si vous tentez de vous rappeler un événement survenu il y a cinq ans, par exemple, vous éprouverez plus de difficultés à récupérer les informations que pour quelque chose que vous avez mémorisé il y a cinq mois. Vous serez également en mesure de vous remémorer un événement plus aisément si vous utilisez certains indices, tels que le son ou l'image. Il existe trois principaux types de récupération.

1. Le Rappel Libre

Cela survient lorsque les individus peuvent se

souvenir des informations dans n'importe quel ordre. Ce type présente deux effets, à savoir l'effet de récence et l'effet de primauté. Le premier se manifeste lorsque quelqu'un se remémore davantage les éléments situés à la fin de la liste que ceux du début. À l'inverse, l'effet de primauté indique que les éléments initiaux sont plus faciles à retenir que ceux de la fin de la liste.

2. Le Rappel en Série

Les effets de primauté et de récence font également partie intégrante du rappel en série. Celui-ci survient lorsque vous vous remémorez les événements dans l'ordre chronologique de leur déroulement. Par exemple, si vous partez pour votre promenade matinale et que vous observez un homme promenant son chien, un groupe d'enfants s'amusant sous un arroseur, et une femme transportant des courses jusqu'à chez elle, vous garderez en mémoire ces activités dans cet ordre précis. Vous rappellerez probablement ces informations à travers une succession d'images que vous avez encodées dans votre mémoire.

3. Le Rappel avec Indice

Le rappel avec indice se produit lorsque vous traitez des informations en même temps que des indices. De nombreuses études psychologiques ont démontré que les personnes utilisant le rappel avec indice se souviennent mieux des informations lorsque le lien entre l'information et l'indice est plus fort. Nous l'utilisons souvent lorsque nous recherchons des informations qui ont été perdues dans notre mémoire.

Les Interférence avec le Fonctionnement de la Mémoire

Le fonctionnement de la mémoire ne se déroule pas toujours aussi aisément que nous l'espérons. En fait, il existe différentes formes d'interférences qui peuvent survenir lorsque nous essayons de les traiter et de les récupérer.

1. L'interférence Rétroactive

L'interférence rétroactive se produit lorsque vous apprenez quelque chose de nouveau juste après avoir précédemment reçu une autre information. Nous l'expérimentons couramment en classe lorsque nous passons 50 minutes à apprendre la leçon du jour. Nous commençons en ressentant que nous serons capables de nous souvenir de tout ce qui nous est enseigné. Cependant, à la fin du cours, nous ne retenons pas grand-chose de ce que nous avons entendu au début. La raison en est que, alors que nous continuons à apprendre de nouvelles choses, les plus récentes peuvent interférer avec les informations plus anciennes, surtout si elles vous parviennent à intervalles rapprochés.

2. L'interférence Proactive

L'interférence proactive se produit lorsque vous avez du mal à acquérir de nouvelles informations en raison des éléments déjà stockés dans votre mémoire à long terme. Cela se produit souvent lorsque les informations que vous essayez de mémoriser sont similaires à ce que vous avez déjà appris auparavant. Par exemple, vous essayez de vous souvenir de votre nouvelle adresse, mais vous avez du mal car votre cerveau est plus habitué à l'ancienne.

3. L'Echec de la Récupération

L'échec de la récupération se produit parce que l'information a commencé à se dégrader dans votre mémoire. C'est similaire à lorsque vous avez du mal à vous souvenir de comment préparer un repas que vous n'avez pas cuisiné depuis des années ou à résoudre un problème algébrique.

Il est important de noter que certaines personnes croient qu'il existe quatre étapes de traitement de la mémoire, et non pas seulement trois. Alors que la plupart s'accordent sur l'encodage, le stockage et la récupération comme les étapes officielles, d'autres affirment que la première étape est l'attention, ("Types de mémoire").

Les informations que vous vous apprêtez à encoder doivent, semble-t-il, capturer votre attention en premier lieu. Si elles n'ont pas traversé cette phase, il se peut que nous ne soyons pas en mesure de nous souvenir de beaucoup de choses. Pensez à la dernière fois où vous avez entendu quelque chose d'intéressant par rapport à quelque chose d'inintéressant. Vous êtes plus susceptible de vous rappeler de la première, car elle a "accroché votre attention", contrairement à la seconde.

Les Types de Mémoire

Vous êtes déjà familiarisé(e) avec quelques types de mémoire, tels que la mémoire à court terme, la mémoire sensorielle et la mémoire à long terme. Cependant, ils comportent également des sous-types dont vous devriez prendre connaissance.

La Mémoire Sensorielle

La mémoire sensorielle est liée aux cinq sens : la vue, l'ouïe, le goût, l'odorat et le toucher. Par conséquent, ses sous-types sont associés à au moins l'un de vos sens.

1. La Mémoire Iconique

La mémoire iconique fait partie de vos perceptions visuelles. Elle est liée à votre vue, comme le fait de voir des couleurs vives sur un fond sombre. Grâce à ce sous-type, les couleurs seront encodées dans votre mémoire. Ainsi, vous pouvez vous souvenir de la forme et des couleurs de certains objets mais peut-être pas de l'arrière-plan. La mémoire iconique nous permet de nous souvenir des choses ou des images vues même pendant quelques instants.

2. La Mémoire Haptique

La mémoire haptique ne dure généralement que quelques secondes. Elle répond à ce que nous ressentons, comme une pincée, une étreinte, etc. Lorsque nous ressentons que quelque chose est froid, par exemple, c'est notre mémoire haptique qui s'efforce d'inculquer à votre cerveau que la glace est froide.

3. La Mémoire Echoïque

Quand notre mémoire s'efforce de convertir ce que nous venons d'entendre en notre mémoire à court terme, elle fait appel à la mémoire échoïque. Cette dernière est sollicitée lorsque votre esprit rejoue les informations tandis que vous essayez de vous souvenir d'un message que vous souhaitez noter. Il ne faut que trois à quatre secondes avant que l'idée ne se transfère dans votre mémoire à court terme.

Beaucoup de gens estiment qu'il existe deux autres sous-types de mémoire sensorielle qui sont en corrélation avec notre sens de l'odorat et du goût. Le problème est qu'ils n'ont pas encore été étudiés. De plus, les scientifiques ont seulement récemment commencé à étudier les mémoires iconique, haptique et échoïque. Bien que cela signifie qu'on en sait peu sur les sous-types mentionnés ci-dessus, nous savons que ce qui commence avec notre mémoire sensorielle se transfère généralement dans notre mémoire à court terme.

La Mémoire à Court-Terme

La mémoire à court terme inclut la mémoire de travail. Bien qu'elles soient similaires car elles retiennent l'information pendant une courte période, il existe également des différences entre les deux.

La mémoire à court terme fait souvent appel à des techniques telles que le *regroupement,* qui vous permettent de retenir plus d'informations que d'ordinaire. Par exemple, au lieu de mémoriser sept noms, vous pourrez en retenir quatorze en les regroupant. Quant à la mémoire de travail, elle constitue la partie de la mémoire à court terme qui retient l'information grâce à un processus de bouclage auditif ou visuel. Cela signifie que l'information sera répétée en continu, ce qui vous évitera de l'oublier rapidement. Les informations stockées dans la mémoire de travail sont souvent manipulées, ce qui les rend plus faciles à retenir pendant un certain temps.

Il y a trois phases au sein de la mémoire de travail.

La première est la *Boucle Phonologique*, dont nous venons juste de discuter. La deuxième étape est le *Calepin Visuospatial*, qui travaille généralement de concert avec la première phase. Par exemple, si vous devez mémoriser un numéro de téléphone à sept chiffres, vous le retiendrez mieux si vous ne vous contentez pas de le répéter - boucle phonologique - mais si vous utilisez aussi des représentations visuelles, c'est-à-dire le *calepin visuospatial*.

La troisième est la phase de l'Exécutif Central, qui combine la boucle phonologique et le calepin visuospatial en une seule entité. À ce stade, la mémoire de travail est connectée à la mémoire à long terme, puisque l'exécutif central transfère les informations dans cette dernière.

La Mémoire à Long-Terme

Si vous souhaitez vous souvenir de ce que vous devez faire demain, vous devez emmagasiner cette information dans votre mémoire à long terme dès aujourd'hui. C'est le seul type de mémoire qui conservera éternellement ce que vous avez appris. À présent, la mémoire à long terme se divise en deux principaux sous-types.

1. La Mémoire Implicite

Les gens font souvent référence à la mémoire implicite comme à la mémoire inconsciente. Ce type désigne l'activité que nous apprenons au fil du temps. Par exemple, lorsque nous essayons de développer nos compétences, nous utilisons notre mémoire implicite. Elle fonctionne également lorsque nous commençons à faire quelque chose sans y penser, comme taper sur un clavier sans avoir besoin de regarder les touches, nouer nos lacets, ou faire la vaisselle.

2. La Mémoire Explicite

La mémoire explicite est communément connue sous le nom de mémoire consciente. C'est la forme de mémoire que nous utilisons lorsque nous réfléchissons à nos actions. Essentiellement, c'est l'opposé de la mémoire implicite. Néanmoins, ce sous-type est divisé en deux parties.

La première catégorie est la *mémoire épisodique*, qui se concentre sur les moments spécifiques dont vous vous souvenez. Par exemple, vous pourriez vous rappeler avoir passé le 4 juillet avec vos grands-parents quand vous étiez plus jeune. Vous pourriez également vous souvenir vivement de certains détails de l'événement, comme être debout à l'arrière du pick-up rouge de votre grand-père pour regarder les feux d'artifice, manger sur une table de pique-nique blanche, et observer la ferme de vos grands-parents. En général, vous conservez en mémoire le quoi, où, quand et qui, tous liés à une occasion particulière. Un autre exemple de mémoires explicites ou de souvenirs instantanés (comme certains peuvent l'appeler) implique de se rappeler exactement où vous étiez lorsque vous avez appris que Martin Luther King Jr. avait été abattu ou lorsque les attaques du 11 septembre 2001 ont eu lieu.

La deuxième catégorie est la *mémoire sémantique*, qui fait référence à la récupération d'informations factuelles. Celles-ci proviennent généralement des manuels scolaires, des endroits ou des concepts que nous avons déjà entendus ou vus. Les faits de la vie que nous avons appris au fil du temps sont également encodés dans ce type de mémoire. Par exemple, vous pouvez vous rappeler quoi faire lorsque vous allez au supermarché. Vous savez que vous devez prendre les articles dont vous avez besoin, les payer, puis quitter le magasin.

La Mémoire Photographique

Un type de mémoire dont les gens ne discutent pas souvent est la mémoire photographique. Imaginez pouvoir vous souvenir d'une personne, d'un lieu ou d'un objet simplement parce que vous avez une image de celui-ci dans votre esprit et que vous pouvez le décrire en détail. Vous pouvez vous rappeler le design sur le t-shirt Double Excess de votre ami, les principaux mots que vous avez lus sur une page d'un livre, ou même les chansons sur la liste du DJ dans l'ordre.

La mémoire eidétique est souvent un autre nom pour la mémoire photographique. Cependant, il y a une distinction entre les deux. Vous parlez de la première lorsque vous vous souvenez d'une image après l'avoir regardée. Vous avez probablement fixé un objet, comme un vase, pendant quelques secondes puis avez détourné le regard plus tard. Si vous voyez toujours ce vase dans votre esprit et vous souvenez de ses couleurs et de son design, c'est votre mémoire eidétique en action. Sa principale distinction avec la mémoire photographique, cependant, est que l'image ne reste dans votre mémoire que pendant quelques secondes. Lorsque vous avez une mémoire photographique, vous pouvez vous souvenir des choses pendant une longue période car elles sont stockées dans votre mémoire à long terme et non dans votre mémoire sensorielle ou à court terme, où se trouve la mémoire eidétique (Beasley, 2018).

Faire la distinction entre les deux est important à garder à l'esprit tout au long de ce livre, de même que si vous continuez à faire vos propres recherches sur la mémoire photographique. Plusieurs sources utiliseront les termes de mémoire eidétique et photographique de manière interchangeable, ce qui peut facilement devenir confus pour les gens. Cependant, tant que vous vous souvenez de leurs différences, vous serez en mesure d'améliorer votre mémoire avec aisance. Bien que certaines personnes aient une mémoire photographique plus forte que d'autres, ce n'est pas parce qu'elles sont nées avec un don spécial. La raison la plus réaliste est qu'elles utilisent différentes techniques pour renforcer leur capacité à se souvenir des choses.

2. Avantages de la Mémoire Photographique

Pourquoi devriez-vous vous intéresser à apprendre la mémoire photographique ? Après tout, cela ne correspond peut-être pas exactement à ce que vous imaginez. Vous pourriez également penser que vous avez déjà une mémoire assez bonne.

Un point à noter, outre la gamme d'avantages que nous aborderons dans ce chapitre, est que la mémoire se détériore avec le temps. Plus nous vieillissons, plus il devient difficile de se rappeler nos souvenirs d'enfance, les articles à acheter à l'épicerie, la raison de notre présence dans une pièce donnée, etc. Parmi les principaux avantages de développer votre mémoire photographique figure le fait que vous apprendrez des dizaines de techniques pour stimuler votre mémoire.

Cela rendra votre cerveau plus énergique et capable de stocker davantage d'informations. Sans oublier que cela peut ralentir le processus naturel de dégradation que peut connaître notre mémoire.

Vous Obtiendrez de Meilleures Performances sur le Plan Académique

L'un des défis lorsque vous vous préparez à un examen universitaire est la quantité d'informations à mémoriser. Cependant, la réalité est que la mémorisation peut souvent poser problème car nous nous concentrons trop sur les mots et les définitions. Combien de fois avez-vous utilisé des fiches pour essayer de vous rappeler la signification d'un mot particulier ? C'est généralement une technique couramment utilisée pour la mémorisation. Néanmoins, il existe de nombreuses autres techniques pour améliorer votre mémoire photographique, ce qui facilitera votre tâche.

En vérité, la mémoire photographique a grandement contribué à l'amélioration des performances scolaires de nombreuses personnes ; c'est pourquoi on la qualifie également de "mémoire encyclopédique". La raison en est que les individus qui étudient en utilisant les stratégies susceptibles d'améliorer leur mémoire photographique parviennent à se souvenir de détails que d'autres étudiants négligent.

De plus, la mémoire photographique vous permettra d'acquérir différentes techniques pour vous souvenir de ce que vous apprenez et le conserver en mémoire plus longtemps que jamais. Si vous êtes ou avez été étudiant à l'université, vous comprenez à quel point vos cours peuvent être rapides, surtout en été. Parfois, vous devez étudier un ou deux chapitres entiers d'un manuel épais en une seule séance.

La mémoire photographique vous permettra d'acquérir davantage de connaissances en moins de temps.

Cependant, en renforçant votre mémoire photographique, vous ne vous contentez pas simplement de regarder des images, mais vous êtes également attentif à ce que vous entendez. Cette qualité est particulièrement précieuse lorsque vous devez souligner des informations ou prendre des notes par écrit ou sur un clavier.

Vous Vous Souviendrez De Plus d'Information En Détail

En ce qui concerne la mémoire photographique, peu importe que vous essayiez de vous rappeler d'une image ou d'une série de nombres ou de mots. Ce qui importe ici, ce sont les stratégies qui peuvent vous aider à vous en souvenir.

L'élément crucial est de garantir que vous possédez une mémoire photographique solide. Plus elle sera robuste, plus vous serez en mesure de stocker dans votre esprit une multitude d'informations et de visuels.

Réfléchissez au nombre de fois où vous avez tenté de vous rappeler un détail observé sur une photographie, pour réaliser quelques minutes plus tard que vous ne savez plus où se trouve la lampe, quelle couleur porte une personne, ou où est située la fenêtre.

Cependant, avec une mémoire photographique, vous pourrez facilement vous rappeler tous ces détails pendant une période plus longue.

La Mémoire Photographique Renforce Votre Confiance en Vous

Comment vous sentez-vous lorsque vous ne vous souvenez pas des informations que vous aviez l'habitude de connaître ? Comment vous sentez-vous lorsque vous oubliez le nom de quelqu'un ou quels sont ses centres d'intérêt ? Rappelez-vous le temps où vous avez étudié pour un examen, mais lorsque vous deviez le passer, vous ne pouviez pas vous rappeler grand-chose de ce que vous aviez appris. De même, lorsque vous allez au supermarché sans votre liste, vous pouvez avoir du mal à vous rappeler ce dont vous avez besoin d'acheter. Il y a beaucoup d'aspects de la vie que nous avons tendance à oublier, comme le fait de devoir acheter des friandises que nos enfants peuvent emmener à l'école ou leur dire que vous ne rentrerez pas avant leur heure du coucher.

Comme tout un chacun, vous avez oublié quelque chose d'important dans votre vie, ce qui vous a causé de la tristesse, de la frustration, voire de la colère. Alors que vous tentez de vous dire que cela arrive et essayez de passer à autre chose, il y a toujours une part de vous-même qui retient votre nature oublieuse, tandis que vous vous trouvez à oublier de plus en plus de choses. Parfois, vous pouvez même vous demander s'il y a quelque chose qui ne va pas chez vous.

Eh bien, je vais vous dire dès maintenant qu'il n'y a rien qui ne va pas chez vous. Il est courant de ne pas parvenir à rappeler divers détails de notre vie tout au long de la journée, peu importe leur importance. Cela peut être dû au stress, au manque de sommeil, au fait d'avoir trop de choses à retenir, ainsi qu'à l'absence d'un système organisé pour cela. Une autre raison est que vous n'avez pas une mémoire photographique forte.

Étant donné que seule une mémoire photographique fiable vous permettra de vous rappeler les aspects vitaux de votre vie, cela renforcera votre confiance en vous. Vous commencerez à avoir l'impression de pouvoir vous souvenir de ce que vous devez dire à vos enfants ou de ce que vous devez acheter au magasin. Vous pourriez également avoir l'impression de pouvoir vous organiser pour penser à tout ce que vous devez faire sans vous stresser pour les détails désordonnés ou vous empêcher de dormir lorsque vous essayez de vous reposer.

Vous Deviendrez Plus Attentif(ve)

Nous nous laissons souvent absorber par une tâche ou nous nous perdons dans nos pensées à son sujet, sans prêter attention à nos actions. C'est ce qu'on appelle la distraction, et cela peut entraîner de nombreux problèmes dans notre vie quotidienne. Un exemple courant de distraction est lorsque vous conduisez pour vous rendre au travail et que vous ne vous rappelez pas avoir passé certains repères, comme un petit lac ou un village.

En revanche, vous pouvez affirmer que vous êtes conscient(e) lorsque vous faites preuve de vigilance à l'égard de votre environnement. Après tout, vous savez ce que vous faites et vous vous souvenez de vos actions.

Lorsque vous améliorez votre mémoire, vous devez être plus vigilant(e) sur l'information que vous souhaitez retenir. Vous devriez commencer à accorder davantage d'attention à votre environnement, ainsi qu'à ce que vous lisez, ressentez et entendez. En manifestant une conscience accrue, vous deviendrez plus attentif(ve) à tout ce que vous faites. Même lorsque vous n'avez pas besoin de retenir consciemment l'événement, vous saurez toujours ce que vous faites et pourquoi, plutôt que de vous livrer à des actions sans but.

Faire preuve d'attention peut vous aider à mener une vie plus équilibrée. Vous serez plus conscient(e) de ce que vous mangez et de la quantité que vous consommez, ainsi que du moment où vous ressentez la satiété. Vous pourrez également être plus soucieuse à la qualité de votre sommeil et aux pensées qui vous traversent l'esprit. En retour, cela peut renforcer encore davantage votre estime de soi et vous mener vers un succès plus grand, car vous serez en mesure de vous concentrer sur des pensées positives avec une plus grande clarté.

Vous Deviendrez Plus Captivant(e) Dans Vos Interventions Publiques

Beaucoup d'entre nous ont des emplois qui nécessitent de prendre la parole devant un public. Par exemple, vous pourriez devoir présenter un nouveau produit ou une nouvelle idée devant un comité, former de nouveaux employés, ou travailler dans le service clientèle et être constamment en contact avec des inconnus. Peu importe votre domaine d'activité, communiquer avec des dizaines de personnes peut être difficile, surtout lorsque vous devez être persuasif(ve).

Si vous avez déjà parlé devant plusieurs personnes dans une salle, vous savez qu'il est crucial de maintenir le contact visuel autant que possible. Cela signifie que vous ne voulez pas tenir fermement votre feuille remplie de vos notes, baisser souvent les yeux dessus et parler à votre papier. Si vous éprouvez des difficultés en prise de parole en public ou si vous ne parvenez pas à mémoriser votre discours, vous allez peiner à maintenir le contact visuel.

Un des avantages de l'amélioration de votre mémoire est que vous serez en mesure de mieux mémoriser vos notes. Vous pouvez étudier et comprendre votre discours, de sorte que vous n'avez pas à passer beaucoup de temps à regarder votre papier pour vous assurer que vous dites tout. Vous n'avez pas non plus à vous soucier de vous perdre dans votre feuille et de bafouiller en cherchant votre place. Au lieu de cela, vous pouvez vous lever devant un groupe de personnes et parler avec assurance, car vous pouvez vous rappeler les points principaux de votre discours. Cela vous permettra de vous souvenir du reste, c'est certain.

À présent, la proposition ci-dessus ne suggère en aucun cas que vous ne devriez pas avoir de notes sur papier devant vous. En réalité, la plupart des orateurs ont des notes sous une forme ou une autre entre leurs mains. Cependant, il est essentiel d'éviter de s'appuyer trop fréquemment sur ces notes afin de maintenir un contact visuel avec votre public et d'être plus persuasif(ve).

Vous Développerez Des relations Plus Profondes

Les individus apprécient la compagnie de celles et de ceux qui se souviennent de détails à leur sujet, ce qui leur donne le sentiment d'être appréciés. Vous investissez du temps à retenir leurs plats favoris, leurs films préférés, le nombre de leurs enfants, s'ils ont des animaux de compagnie, leur profession, et bien d'autres choses encore. De plus, cela renforce votre connexion car vous vous rappelez des informations que d'autres pourraient ne pas connaître à leur sujet. Cela peut bénéficier à toutes sortes de relations, qu'il s'agisse de votre partenaire, d'un ami, d'un membre de la famille ou d'un collègue.

Vous Deviendrez Plus Productif(ve)

À mesure que vous commencez à affiner votre mémoire, vous pourriez ressentir une montée en productivité. Si une part de cette augmentation découle de votre confiance grandissante, l'autre raison tient au fait que vous mobilisez moins d'énergie pour vous remémorer certaines informations. Lorsque nous puisons dans notre réserve mémorielle, nous sollicitons une partie de notre énergie quotidienne. Cela engendre de la fatigue et une perte de concentration, ce qui diminue également notre intérêt et notre efficacité.

Pensez à la façon dont vous sentez à la fin de votre journée de travail comparativement à ce que vous avez ressenti au début de celle-ci. Quand vous allez travailler, vous vous sentez plus énergique car votre corps et votre esprit sont encore bien reposés. Vous avez l'impression d'être prêt(e) à affronter la journée et à accomplir toutes vos tâches. Cependant, au fur et à mesure que la journée avance, vous commencez à ralentir et vous remarquez que vous devenez plus fatigué(e). Cela est dû au fait que vous avez utilisé beaucoup de votre énergie quotidienne pour essayer de vous rappeler ce que vous devez faire, comment le faire et comment résoudre un problème.

Plus vous améliorez votre mémoire photographique, plus il est facile de se rappeler certaines informations pour vos tâches. Ainsi, lorsque la fin de la journée arrive, vous vous sentirez toujours capable de conquérir le monde.

Les Autres Avantages

Il y a une multitude de bénéfices à améliorer votre mémoire. Bien que je ne puisse pas tous les aborder dans ce livre, voici une liste des avantages que vous obtiendrez une fois que vous aurez perfectionné votre mémoire photographique.

- Vous pourrez mieux vous souvenir des listes de courses, ce qui vous rendra moins susceptible d'oublier un article.
- Vous pourrez vous souvenir du nom de quelqu'un.

- Vous pourrez vous souvenir d'une adresse avec une extrême facilité.

- Vous pourrez vous souvenir de toutes les tâches à accomplir dans votre journée.

- Vous pourrez effectuer des calculs plus facilement.

- Vous pourrez mieux vous rappeler les séquences de chiffres comme les numéros de téléphone, de compte, les codes PIN, et autres.

- Vous pourrez apprendre une langue étrangère plus facilement car vous aurez une meilleure compréhension de ses termes et de sa prononciation.

- Vous retiendrez facilement les consignes.

3. Les Améliorations Du Mode De Vie Pour Votre Mémoire

Si vous êtes conscient(e) des habitudes de vie que vous pouvez améliorer, vous êtes plus susceptible à renforcer votre mémoire. Le bon fonctionnement de votre corps tout au long de la journée nécessite une quantité considérable d'énergie. Par conséquent, il est essentiel de veiller à une alimentation équilibrée, à un sommeil suffisant et à l'adoption d'autres habitudes favorables à la santé.

Ce chapitre ne vous incite pas à mener la meilleure et la plus saine des vies, mais à mettre en lumière l'impact de votre bien-être sur votre mémoire. Autrement dit, plus vous vous sentez bien, plus votre mémoire s'améliorera. Certaines des modifications de style de vie abordées ci-dessous vous seront peut-être déjà familières, ce qui est excellent. Ce sont des étapes courantes que les gens peuvent prendre pour stimuler leur mémoire.

L'Exercice

L'exercice n'est pas toujours une activité que nous désirons, mais il est indispensable pour notre bien-être global. En nous entraînant, nous ressentons une amélioration tant sur le plan mental que physique. Cela contribue à renforcer notre mémoire et réduit le risque de démence.

Plusieurs études démontrent l'importance de l'exercice pour la santé du cerveau. Non seulement les résultats ont montré une augmentation de la sécrétion de protéines neuroprotectrices, mais le développement des neurones s'améliore également. De plus, une étude menée auprès de participants âgés de 19 à 93 ans a amélioré leurs performances mnésiques en passant 15 à 20 minutes sur un vélo d'appartement (Kubala, 2018).

Dormez Suffisamment

Tout comme l'exercice, le sommeil est également important pour notre mémoire. Comme je l'ai brièvement mentionné précédemment, plus vous êtes alerte tout au long de la journée, plus vous avez d'énergie à consacrer à vos souvenirs. Un bon sommeil maintient votre équilibre psycho-émotionnel et bien sûr, avec des niveaux faibles d'anxiété et de stress, vous serez en mesure de mieux vous souvenir.

Bien dormir est très important pour l'amélioration des fonctions cognitives, telles que l'apprentissage, l'attention et la concentration. Le sommeil est essentiel pour la performance cognitive et joue un rôle clé dans le processus de mémorisation. Pendant que nous dormons, les traces mnésiques sont renforcées et réactivées, puis incorporées dans la base de données de la mémoire à long terme.

L'une des principales raisons pour lesquelles les perturbations du sommeil altèrent la fonction mnésique est qu'elle entrave le transfert des souvenirs de la mémoire à court terme vers la mémoire à long terme. Lorsque vous bénéficiez du sommeil nécessaire, cela active les régions cérébrales qui assurent la connexion du processus avec les cellules cérébrales. Ainsi, plus vous dormez, plus le transfert devient aisé. Le sommeil paradoxal est crucial pour la consolidation mnésique. Il a été démontré que sans sommeil paradoxal, la consolidation mnésique ne se produirait pas.

Par ailleurs, notre cerveau demeure actif pendant notre sommeil. Durant cette période de repos, il établit des connexions entre les informations que nous avons emmagasinées dans nos souvenirs plus anciens. Il nous offre souvent des rêves ou des éclairs de génie qui nous permettent d'avoir des révélations le jour suivant. Cela peut nous aider à résoudre des problèmes auxquels nous avons eu du mal à trouver une solution auparavant.

Mangez Sainement

Une façon d'améliorer la fonction cérébrale est de manger sainement ou de suivre un "régime de la mémoire". Cela peut être le régime méditerranéen, car il est connu pour renforcer la mémoire et ralentir le déclin cognitif lié à l'âge. Il se compose principalement de fruits, de légumes de saison, de céréales complètes, d'herbes, de noix, de légumineuses et d'huile d'olive extra vierge pressée à froid. Vous mangerez également plus de poisson et de fruits de mer que de viande rouge ou maigre. Cependant, vous voudrez manger plus de poulet ou de dinde que de bœuf et d'autres viandes rouges.

Si vous êtes senior, il est préférable de suivre le régime MIND, qui signifie « Mediterranean-DASH Intervention for Neurodegenerative Delay » et est similaire au régime méditerranéen. En réalité, des études ont montré que ce régime a contribué à réduire les signes de la maladie d'Alzheimer de 53% (Alban, 2018). Cependant, vous devez consommer au moins trois portions de céréales complètes par jour et 28 grammes environ de noix. Vous devriez également avoir une salade et un autre plat de légumes chaque jour, ainsi que du poulet et des baies deux fois par semaine. Les aliments que vous devez consommer plus d'une fois par semaine comprennent le poisson et les légumineuses.

Prenez Des Compléments Alimentaires

Si vous êtes comme tout le monde, vous menez probablement une vie bien remplie. En fait, vous pouvez même avoir l'impression de ne pas avoir le temps de suivre un régime alimentaire spécifique pour l'instant. Si vous vous reconnaissez dans cette situation, de nombreuses personnes recommandent d'essayer de prendre des compléments alimentaires pour la mémoire, tels que l'huile de poisson, les multivitamines et le curcuma.

Il est important de noter que les pilules ne doivent pas remplacer la quantité de sommeil ou d'exercice dont vous avez besoin chaque jour. Vous devriez toujours essayer de manger des aliments sains autant que possible également.

Contrôlez Votre Niveau De Stress

Gérer un peu de stress est bon pour votre mémoire. En réalité, le stress aigu peut même la stimuler. Cependant, avoir une grande quantité de stress chronique va entraîner une perte de mémoire.

Vous avez peut-être remarqué cela vous-même lorsque vous êtes trop stressé(e). Vous vous retrouvez à oublier les rendez-vous chez le médecin de vos enfants, à manquer des réunions professionnelles, à ne pas rendre les livres à la bibliothèque à temps, ainsi qu'à ne pas accomplir d'autres tâches que vous devez réaliser dans la journée.

La plupart des gens commenceront à s'inquiéter de leur perte de mémoire et craindront qu'il s'agisse d'un signe précoce de la maladie d'Alzheimer ou d'une autre cause. Cependant, bien qu'il soit toujours judicieux de consulter un médecin, il est probable que vous soyez simplement affecté(e) par le stress chronique.

Par exemple, Maria est une mère de trois enfants âgés de 2 à 7 ans. Elle et son mari occupent chacun deux emplois afin de subvenir aux besoins de leur famille, de vivre confortablement, d'épargner pour les études universitaires de leurs enfants et de préparer leur retraite. Maria est constamment soumise à un stress chronique, travaillant de 60 à 70 heures par semaine, faisant le ménage, s'occupant des enfants, cuisinant, veillant à ce que les factures soient payées et accomplissant d'autres tâches. Dernièrement, elle a remarqué qu'elle oublie de payer ses factures à temps, d'amener ses enfants à leurs rendez-vous, de transférer de l'argent sur les bons comptes et d'acheter des fournitures essentielles à l'épicerie.

Comme elle a peur de ce qui lui arrive, Maria prend rendez-vous avec son médecin de famille. Celui-ci lui explique que son seul souci est de jongler avec un grand nombre de tâches stressantes simultanément. Pour améliorer sa mémoire, l'une des premières étapes qu'elle doit franchir est de lâcher prise sur certaines d'entre elles.

Après en avoir discuté avec son mari, ils décident que Maria quittera son emploi à temps partiel, ce qui lui donnera 20 à 30 heures par semaine pour s'occuper de la famille et de la maison à la place. Depuis lors, Maria a remarqué qu'elle peut de nouveau se souvenir de faire toutes ses courses, payer leurs factures à temps et s'assurer que leurs enfants se rendent à leurs rendez-vous.

D'Autres Moyens D'Améliorer Votre Mémoire

- Limitez votre consommation d'alcool
- Arrêtez de fumer
- Méditez
- Stimulez votre esprit
- Aérez-vous
- Adoptez une attitude positive
- Sortez et profitez de la vie

4. Le Palais De Mémoire

Le palais de la mémoire est également connu sous le nom de Méthode des Loci ou Palais Mental (Loci étant le pluriel du terme latin locus, signifiant "endroit"). Ce concept existe depuis l'Antiquité romaine et est essentiel à comprendre lorsque vous travaillez à améliorer votre mémoire photographique. Le palais de la mémoire est un lieu imaginaire dans votre esprit basé sur un emplacement réel.

Par exemple, vous avez connaissance de l'apparence de votre chambre sans avoir besoin d'y être. De même, vous pouvez décrire votre bureau au travail même si vous n'y êtes pas physiquement. En effet, vous pouvez utiliser les images mentales stockées dans votre esprit pour les associer à ce que vous devez mémoriser.

Comment Fonctionne Le Palais De Mémoire

Lorsque vous évoquez le concept du palais de mémoire, imaginez plutôt la construction d'une demeure pour saisir son fonctionnement. Quand vous avez besoin de mémoriser d'autres tâches, vous pouvez ériger les pièces de votre maison une par une, comme acheter des objets pour les aménager et organiser d'autres espaces à compléter cette semaine. Avec chaque liste, vous pouvez bâtir une nouvelle pièce dans votre palais de mémoire. Chaque fois que vous construisez une pièce ou ajoutez des informations à une pièce existante, vous continuez à renforcer votre palais de mémoire. Ces détails seront stockés dans votre palais et vous pourrez les rappeler à tout moment.

La Mise En Place De Votre Propre Palais De Mémoire

Pour bien expliquer comment vous devriez mettre en place votre palais de mémoire, parcourons ensemble quelques conseils.

1. Choisissez un endroit familier

Vous pouvez sélectionner n'importe quel lieu dans ce cas, mais il est essentiel de vous assurer de vous rappeler de tous ses détails. Par exemple, si vous optez pour votre salon, vous devriez pouvoir vous remémorer sa forme et l'emplacement précis de chaque meuble. De même, si vous choisissez votre bureau, vous devez faire de même. Avant de poursuivre, prenez le temps d'observer attentivement la pièce choisie afin de ne manquer aucun élément crucial pour votre palais de mémoire.

Bien que nous soyons familiers avec les lieux que nous fréquentons quotidiennement, il est possible d'oublier certains objets simplement parce qu'ils sont toujours présents. Nous ne les remarquons tout simplement pas souvent, donc il est possible que vous ne vous souveniez pas de leur emplacement lorsque vous tentez de créer votre palais mental.

Une fois venu le moment de rappeler votre liste, vous devez vous imaginer vous diriger le lieu de votre choix. Si vous optez pour votre salon, par exemple, visualisez-vous en train de vous approcher de votre maison, d'entrer et de pénétrer dans votre salon. Vous pouvez également vous imaginer marcher de votre chambre à coucher, à travers le couloir, puis jusqu'au salon. À cette étape, vous ne devez pas créer une scène spécifique, mais simplement vous visualiser vous rendant à l'endroit choisi.

2. Faites une liste sur ce dont vous vous souvenez

Alors que vous vous rendez vers votre salon, vous

voulez vous rappeler tous les objets que vous voyez en chemin. Par exemple, si vous venez de la chambre et vous dirigez vers le salon, vous imaginerez sortir de cette chambre et tourner dans le couloir en direction du salon. Vous pouvez également visualiser la porte d'entrée menant vers d'autres pièces, les photos éventuellement accrochées aux murs, ainsi que les tables d'appoint ou les meubles présents dans le couloir. De même, vous pouvez imaginer les parties du salon que vous pouvez voir depuis le couloir, comme un aquarium ou une horloge murale.

3. Désignez et associez

Cette étape peut parfois être complexe pour certaines personnes, mais beaucoup d'autres y trouvent du plaisir. Lorsque vous devez commencer à désigner et à associer des éléments, cela signifie que vous devez choisir les objets que vous imaginez autour de votre emplacement et les lier à ce qui se trouve sur votre liste. L'objectif est de créer une image dans votre esprit que vous vous rappellerez. Vous voulez qu'elle se distingue, et la meilleure façon de le faire est de transformer votre objet quotidien en quelque chose d'intéressant et d'insolite.

Plus c'est fou, mieux c'est !

Par exemple, lorsque vous remarquez une porte dans votre couloir, imaginez-la faite de notes autocollantes jaunes, tout comme celles de votre liste de courses. Visualisez la table d'appoint dans le couloir comme une tête de chou-fleur parce que vous devez acheter du chou-fleur au magasin. Imaginez également les poissons nageant dans du jus de myrtille d'un côté et du jus d'aloé véra de l'autre. Vous devez associer chaque élément de votre liste à un objet que vous avez vu dans votre lieu.

Un truc spécifique auquel beaucoup de gens ne pensent pas immédiatement est d'associer les choses qu'ils doivent acheter dans l'ordre chronologique. Par exemple, si vous êtes allé(e) au centre-ville parce que vous aviez besoin d'articles ménagers et d'épicerie, vous aurez pris les premiers avant les seconds. Par conséquent, assurez-vous d'imaginer tous vos articles ménagers, de préférence dans l'ordre où vous les prendrez au magasin, au début de votre lieu, avant de passer aux produits d'épicerie. Lorsqu'il s'agit de rappeler votre liste, cela vous aidera à vous souvenir des articles dans le même ordre que celui dans lequel vous les avez placés dans votre chariot.

Il est bon de se rappeler que la pratique rend parfait. Surtout lorsque vous vous familiarisez avec votre palais de mémoire, il est recommandé d'écrire la liste dans le même ordre que celui dans lequel vous prévoyez de prendre les articles au magasin. Ensuite, emportez la liste avec vous lorsque vous faites vos courses. Cependant, ne la consultez que si vous avez du mal à vous souvenir de certains éléments ou si vous devez vérifier que vous avez tout pris avant de passer à la caisse.

Vous Pouvez Avoir Plus D'Un Palais De Mémoire

Il arrive souvent que les gens se demandent s'ils sont autorisés à posséder plusieurs palais de mémoire. En réalité, c'est tout à fait possible.

Lorsque vous commencez à construire votre palais mental, il est préférable de vous en tenir à un pendant un certain temps, ou du moins jusqu'à ce que vous vous sentiez à l'aise pour passer d'un palais de mémoire à un autre.

En fait, une fois que vous êtes totalement à l'aise avec votre premier palais mental, vous pouvez envisager d'en créer un deuxième, puis un troisième, un quatrième, et ainsi de suite. Il n'y a pas de limite au nombre de palais de mémoire que vous pouvez créer, tant que vous êtes à l'aise avec le nombre et que vous pouvez continuer à passer de l'un à l'autre.

Comment fonctionne le transfert d'un palais de mémoire à un autre, pourriez-vous vous demander ? Fondamentalement, cela dépend de votre liste. Chaque liste que vous établissez dans votre palais de mémoire y reste, surtout si vous la rappelez de temps en temps. Cependant, vous ne pouvez pas vous empêcher de perdre la trace de certaines listes. Par exemple, vous pouvez oublier votre liste d'épicerie car elle a tendance à changer chaque semaine. Mais vous pouvez toujours vous souvenir des autres ensembles que vous voulez garder en mémoire, comme les noms des 45 fleurs ou les 45 présidents des Etats-Unis.

Il est important de noter que chacune des listes mentionnées ci-dessus aura son propre palais de mémoire. Par exemple, vous commencerez par associer les 45 présidents à des objets dans votre bureau. Ensuite, une fois que vous aurez accompli et pratiqué cela, et que vous ne rencontrerez aucun problème avec ce palais de mémoire, vous pourrez passer à la liste suivante. Chaque fleur peut également être associée à un président. Par exemple, George Washington peut être comparé à une rose rouge, John Adams vous semble être un tournesol, et Thomas Jefferson peut devenir un lilas. Mais c'est une autre technique.

5. L'Œil De l'Esprit

Vous découvrirez votre "œil de l'esprit" plus profondément que jamais en perfectionnant votre mémoire photographique. Car cet "œil de l'esprit" est une part de votre esprit qui vous permet de vous rappeler des pièces, des objets, ou de tout autre élément, fidèlement tels qu'ils sont.

Sa définition consiste à être capable de concevoir ce qui n'est pas directement devant nous (Friedersdorf, 2014). Cependant, votre œil de l'esprit peut faire plus que simplement vous permettre de voir ce que vous connaissez même quand ce n'est pas là. En réalité, il est également capable de créer des images spéciales pour vous.

Par exemple, si quelqu'un vous demande d'imaginer un chat violet portant un chapeau de sorcière noir se balançant sur les lignes électriques, vous pourrez parfaitement visualiser cela. L'une des meilleures astuces pour utiliser votre œil de l'esprit consiste à faire ce que vous pouvez pour limiter vos distractions. Il va construire une image à travers vos cinq sens, voyez-vous.

Par conséquent, lorsque vous êtes distrait(e), vous ne pourrez pas prêter attention à ce que vous entendez, sentez, ressentez, goûtez ou voyez. Cela peut entraîner des interruptions avec votre œil de l'esprit et rendre plus difficile la création d'images que vous pourrez rappeler plus tard.

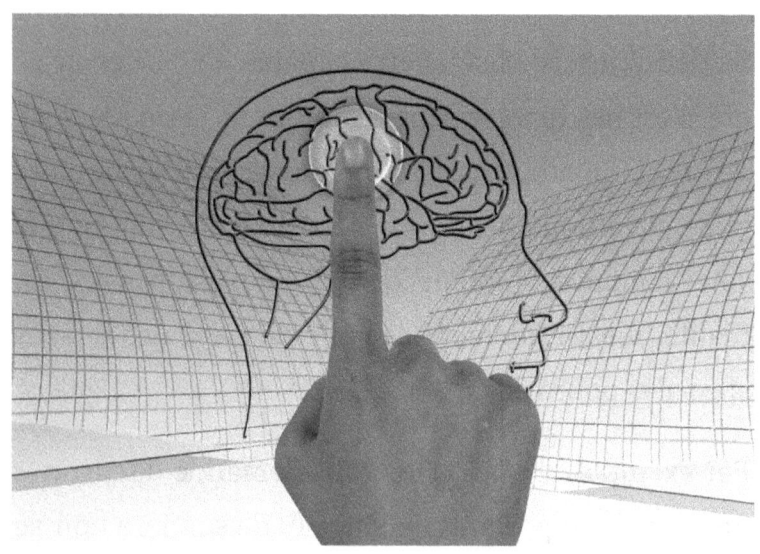

Gardez Votre Œil De L'Esprit Clair

Chacun rencontre parfois des difficultés à écarter les distractions. Ainsi, il existe de nombreuses techniques que vous pouvez utiliser pour maintenir la clarté de votre œil mental et éviter les perturbations.

L'Observation Est Primordiale

Certaines personnes possèdent naturellement le don de l'observation, tandis que d'autres éprouvent des difficultés à cet égard. Si vous vous reconnaissez plutôt dans cette seconde catégorie, il est essentiel de développer vos compétences en observation, car elles sont cruciales pour cultiver l'œil de votre esprit. La meilleure approche consiste à examiner attentivement les objets chez vous et à l'extérieur. Par exemple, prenez le temps d'observer un vase dans votre salon. Notez ses couleurs et ses motifs sans le toucher. Vous pourriez remarquer un éclat sur le bord ou une partie de la peinture qui commence à s'écailler. Prenez des notes mentales de tous ces détails, puis quittez la pièce. Plus tard, essayez de vous rappeler autant de détails que possible sur le vase, en utilisant votre esprit pour le visualiser. En revenant ensuite dans la pièce, vérifiez votre capacité à vous souvenir précisément de chaque détail.

Vous pouvez aussi tester davantage vos compétences en observation en sortant de la pièce et en attendant quelques minutes avant d'essayer de visualiser le vase. Ensuite, vous pouvez le dessiner ou retourner dans la pièce pour voir dans quelle mesure vous vous souvenez de chaque détail.

Notez Les Informations

Lorsque vous commencez à observer des objets, la nature ou les caractéristiques d'une pièce, vous vous retrouvez souvent distrait(e). Vous remarquez que votre esprit divague vers quelque chose que vous n'êtes pas censé(e) observer. Lorsque cela se produit, l'une des meilleures techniques consiste à commencer à écrire ce que vous observez. Par exemple, vous êtes assis(se) dehors sur votre véranda et vous essayez de regarder le grand arbre dans la cour avant de votre voisin. Cependant, vous avez du mal à maintenir votre regard dessus car vous avez jeté un œil à leur maison et vous êtes distrait(e) par les passants dans la rue, les aboiements des chiens et les jeux des enfants. Afin d'éviter d'oublier ce que vous faites, vous devriez consigner tout ce que vous avez observé concernant l'arbre.

Pour commencer, concentrez-vous sur le tronc de l'arbre. Vous remarquez comment l'écorce remonte le long de l'arbre, comment une partie en est absente, et ensuite vous commencez à voir où les branches démarrent. Vous devez décrire les branches et les feuilles sur le papier, en terminant par la façon dont l'arbre est plus grand que la maison.

S'Arrêter Et Humer Les Roses

Nous avons tous entendu l'expression qu'il est parfois nécessaire de "s'arrêter et humer les roses". Cela signifie que vous avancez trop vite dans la vie et ne profitez pas de certaines de ses meilleures caractéristiques. Il se peut que vous ne consacrez pas suffisamment de moments privilégiés avec votre famille, que vous ne vous permettez pas d'apprécier la beauté de la nature, ou que vous ne vous arrêtez pas pour regarder autour de vous. Quelle que soit la situation, vous souhaitez prendre le temps d'observer ce qui vous entoure de manière aléatoire tout au long de votre journée afin de pouvoir apprécier ce que vous avez.

Beaucoup de personnes occupées qui ont du mal à gérer leur stress trouvent que c'est l'une des meilleures façons de reconnaître combien elles sont chanceuses. Lorsqu'elles commencent à se sentir submergées, elles s'arrêtent dès que possible et observent leur environnement. Elles remarquent les autres personnes autour d'elles, ce qu'elles font, ainsi que le son de leur voix. Elles observent les insectes sur les fleurs ou les oiseaux volant dans le ciel. Il n'est pas nécessaire d'examiner attentivement votre environnement pendant une longue période; assurez-vous simplement de disposer de quelques minutes pour observer votre entourage et ce qui se passe autour de vous. Non seulement cela renforcera-t-il vos compétences d'observation, mais cela vous aidera également à vous connecter au monde.

Pour optimiser votre mémoire photographique, il est essentiel d'acquérir autant de connaissances que possible afin de pouvoir associer certains éléments aux informations que vous devez retenir. Plus votre savoir est étendu, plus il vous sera facile d'établir des liens entre les éléments à mémoriser.

6. La Carte Mentale

La science a maintes fois démontré que le cerveau renferme un énorme potentiel qui ne demande qu'à être libéré. L'une des façons de libérer ce potentiel est de commencer à utiliser la méthode de la carte mentale de Tony Buzan et Barry Buzan (2018).

Cet outil puissant, en plus d'exploiter votre potentiel inné, vous aide à organiser vos pensées, à mieux réfléchir et surtout à mémoriser ce que vous apprenez. Les cartes mentales utilisent des éléments fondamentaux pour le fonctionnement global du cerveau, comme : le rythme visuel, les schématisations, les couleurs, les images, l'imagination, les différentes dimensions, la conscience spatiale, Gestalt et tendance à compléter les associations.

Ce système vous permet d'utiliser toute la gamme de

vos capacités mentales. Il vous aidera dans la créativité, la résolution de problèmes, la planification, la mémoire, la réflexion et à faire face aux changements.

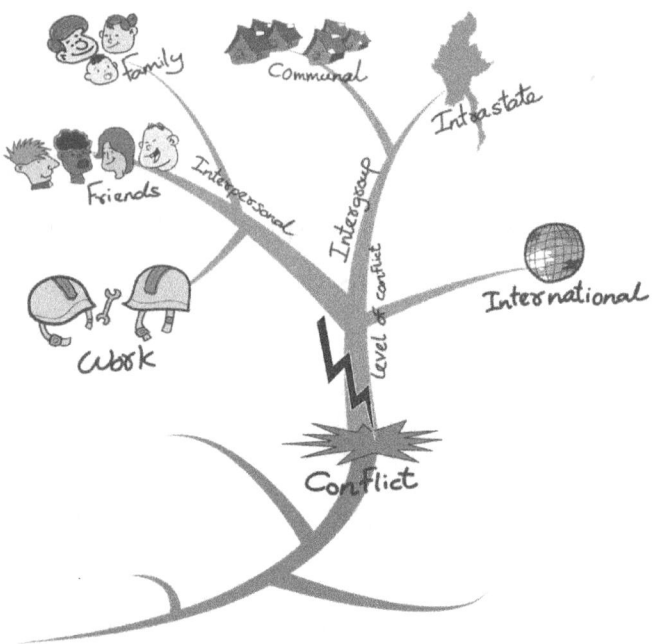

J'aimerais ouvrir une parenthèse sur le grand Leonard de Vinci, non seulement parce qu'il est né à quelques kilomètres de chez moi, mais aussi parce que, comme d'autres grands génies du passé, il a réussi à puiser dans un éventail plus large de capacités mentales que ses pairs. En effet, les grands esprits du passé ont utilisé une portion beaucoup plus importante des capacités mentales que chacun de nous possède. Qu'est-ce-qui rend l'esprit de Leonardo spécial ? Son cerveau, au lieu de penser de manière plus linéaire que ses contemporains, a commencé à utiliser intuitivement les principes des cartes mentales, et donc de la *pensée rayonnante*.

Ce mode de pensée est la manière la plus simple et naturelle d'utiliser le cerveau, car en effet, celui-ci contient déjà des cartes mentales.

Le processus de réflexion du cerveau ressemble à celui d'un dispositif sophistiqué capable de générer des associations ramifiées, avec des lignes de pensée qui s'étendent vers une multitude infinie d'informations et de données. Cette structure reflète les réseaux neuronaux qui reproduisent l'architecture physique du cerveau.

Si nous analysons les notes de Leonardo, nous pouvons y voir des mots, des symboles, des séquences, des listes, des analyses, des associations, un rythme visuel, des formes gestaltiques, différentes dimensions, des nombres et des figures. C'est un exemple d'un esprit complet qui s'exprime de manière globale et fait un usage complet de ses activités corticales.

Il sera difficile d'égaler le génie de Léonard, mais cet outil puissant nous aide certainement à libérer l'immense potentiel que nous avons dans notre cerveau. Essayez, vous serez satisfait(e) de vos performances mentales.

Les Fondamentaux De La Carte Mentale

Pourquoi les cartes mentales nous aident-elles à apprendre et à mémoriser mieux que les notes traditionnelles ? Tout d'abord, les notes traditionnelles sont monochromes et monotones. Les notes monochromes sont difficiles à mémoriser, rébarbatives et donc oubliées car le cerveau s'ennuie, s'éteint et tend à les ignorer. Elles sont prédisposées à endormir le cerveau. C'est une méthodologie qui n'exploite pas les capacités de notre cortex cérébral et cela limite les capacités associées à nos hémisphères gauche et droit. Par conséquent, ces capacités ne peuvent pas interagir les unes avec les autres et entravent un cercle vertueux de mouvement et de croissance Cette écriture linéaire des notes nous encourage à refuser l'apprentissage et à oublier ce que nous avons étudié. Cela empêche le cerveau de faire des associations, limitant ainsi votre créativité et votre mémoire. C'est un narcotique mental qui ralentit et inhibe vos processus de réflexion.

Au contraire, créer des cartes mentales vous permet d'utiliser des mots-clés qui transmettent immédiatement des idées et des concepts importants, au lieu d'une longue série de mots de moindre importance. Cela permet à votre cerveau d'établir des associations appropriées entre les concepts clés.

Pour prendre des notes de manière efficace, il est essentiel de se rappeler trois éléments fondamentaux : *la concision, l'efficacité* et *l'engagement actif.*

C'est pourquoi le « mind mapping » est réputé comme l'une des meilleures techniques pour encodage et récupération des informations de votre base de données mnémoniques. Bien que chaque carte mentale que vous créez soit unique, tous les esprits sont organisés de façon particulière, ce qui les rend semblables. Ils utilisent tous l'imagination pour se souvenir facilement des choses, ainsi que des couleurs qui font ressortir les éléments. Lorsque vous pensez à une carte mentale, imaginez un plan de ville ordinaire ou celui d'un centre commercial. Il y a toujours un centre à partir duquel tout le reste se déploie.

En ce qui concerne la carte mentale, il y a cinq aspects que vous devez avoir.

1. Vous devez avoir un centre. Ce sera votre sujet principal ou votre idée, comme la Guerre froide.

2. Chaque thème qui découle de votre centre sera représenté par des branches. Par exemple, une branche de la Guerre froide concerne les raisons pour lesquelles elle a eu lieu. Une autre concerne le Mur de Berlin, et la suivante consiste en les conséquences.

3. Chaque branche a un mot-clé ou une image que vous pouvez associer à votre banque de mémoire. Par exemple, avec le Mur de Berlin, vous pouvez imaginer un mur.

4. Vous pouvez également créer des branches secondaires avec des thèmes moins importants qui se détachent de vos branches principales. C'est un peu comme la branche d'un arbre qui a de plus petites branches ou des rameaux attachés à celle-ci. L'astuce est de s'assurer que chaque brindille est pertinente par rapport à sa branche.

5. Une structure nodale se formera à travers les branches.

Créez Votre Carte Mentale

Vous pouvez choisir n'importe quel type d'idée ou de thème pour créer votre carte mentale. Tout d'abord, vous voulez commencer au centre, qui est l'idée principale de votre carte mentale. Vous pouvez élaborer une illustration qui fait partie de votre idée ou utiliser un mot-clé. Peu importe ce que vous choisissez, veillez à ce qu'elle soit colorée, quelque chose que vous pouvez mémoriser facilement. Ainsi, il est préférable de rendre votre illustration un peu « cartoon », excentrique et vibrante.

Ensuite, vous devez déterminer les thèmes de vos branches, qui émergent de l'image centrale. Pour faciliter ce processus, vous pouvez faire une séance de remue-méninges et noter les thèmes des branches à l'avance. Vous pouvez également le faire avec tout sous-thème, que vous ajouterez plus tard.

Par exemple, si votre thème central est la nourriture, vos branches peuvent être composées de viande, de poisson, de légumes et de céréales complètes.

Vous pouvez mieux vous en souvenir en créant une image pour chaque branche, en changeant la couleur de la branche, ou simplement en utilisant un mot-clé.

Troisièmement, vous devez ajouter les sous-thèmes ou vos petites branches. Tout comme pour les branches, vous pouvez les rendre aussi colorés et amusants selon vos désirs. Il est important de comprendre qu'une carte n'a jamais vraiment de fin. Vous pouvez créer autant de sous-thèmes que vous le souhaitez. Il vous suffit de les relier au thème de la branche avec l'idée centrale. En fait, vous vous retrouverez probablement à ajouter des informations à votre carte mentale au fur et à mesure que vous continuerez à collecter plus de détails sur le sujet. Le thème des cartes mentales mériterait un livre à part entière. Si vous souhaitez apprendre à maîtriser cette technique puissante, je vous suggère d'étudier le livre "The Mind Map Book" de Tony Buzan et Barry Buzan.

7. La Famille Des Mnémoniques

Vous utilisez souvent des mnémoniques pour mémoriser certaines informations. Par exemple, "Nos Eléphants Sautent Ouvertement" est un mnémonique pour les directions, à savoir Nord, Est, Sud et Ouest.

Les écoles utilisent souvent des phrases similaires pour enseigner les directions aux enfants. Les mnémoniques peuvent prendre plusieurs formes, telles que des paroles de chansons, des rimes, des expressions, des modèles, des associations et des acronymes.

Les Principes Fondamentaux Des Mnémoniques

Avant d'approfondir les diverses formes de mnémoniques, nous devons aborder ses bases. Trois points fondamentaux sont à considérer : association, emplacement et imagination.

L'Association

L'association se produit lorsque vous reliez ce que vous voulez mémoriser à ce qui vous servira à vous en souvenir. Par exemple, lorsque vous pensez que Thomas Jefferson était le troisième président des

États-Unis et l'auteur de la Déclaration d'indépendance, vous pouvez imaginer la Déclaration d'indépendance ou le chiffre 3 sous la forme de Thomas Jefferson. Il est important de noter que lorsque vous créez vos propres associations, vous devez les élaborer vous-même.

Vous vous souviendrez mieux de ces informations si vous les associez à quelque chose que vous avez imaginé. Il existe de multiples façons de mémoriser par association. Outre les images et les chiffres, vous pouvez fusionner les objets, les superposer ou les imaginer dansant ensemble ou enlacés. Laissez votre imagination être aussi créative que possible. Rappelez-vous, ce n'est pas le genre d'informations que vous aurez besoin de partager avec quelqu'un d'autre. Ainsi, vous n'avez pas à vous soucier de ce que les autres penseront de vos associations.

Ce qui compte, c'est que vous puissiez les récupérer rapidement dans votre base de données mémorielle.

L'Emplacement

Lorsque vous vous concentrez sur l'emplacement, vous vous octroyez deux choses : séparer un mnémonique de l'autre et fournir un contexte qui vous permet de placer les mnémoniques ensemble. Ainsi, vous pourrez distinguer un ensemble de mnémoniques placé en lieu X d'un autre similaire placé en lieu Y.

Par exemple, si vous placez un mnémonique à Florence et un autre mnémonique similaire à New York, vous pourrez les séparer sans risque de confusion. Vous n'aurez aucun conflit avec d'autres images ou associations.

L'Imagination

Vous utiliserez votre imagination pour créer des liens entre ce que vous devez mémoriser et ce avec quoi vous l'avez associé. Par exemple, lorsque vous avez imaginé des images d'une porte avec des notes adhésives jaunes, vous faisiez appel à votre imagination. Ainsi, vous voulez permettre à votre imagination d'être créative et un peu folle lorsque vous essayer de visualiser des choses ou des mots-clés à des fins d'associations.

Les Types De Mnémoniques

La Rime Ou L'Ode

"En 1492, Christophe Colomb a traversé l'océan bleu" — c'est l'une des rimes les plus célèbres à ce jour. Elle se trouve parmi les nombreux types de mnémoniques que vous pouvez utiliser pour vous souvenir de faits historiques également. Une autre application de cette technique se présente lorsque vous devez vous souvenir des règles de la langue française, telles que "E avant I sauf après C".

Écrire des paroles ou créer une petite chanson peut être utile si vous aimez faire de la musique. Prenez un moment pour réfléchir à la facilité avec laquelle vous mémorisez les chansons. Vous pouvez même jouer des parties dans votre tête sans avoir besoin de votre radio ou de lecteurs de musique.

Les Acronymes

Les acronymes sont l'une des méthodes les plus populaires pour créer des mnémoniques. Lorsque vous utilisez un acronyme, vous prenez la première lettre de chaque mot et créez une phrase avec.

Par exemple, Organisation des Nations Unies peut être abrégé en ONU ou RATP est l'acronyme de Régie Autonome des Transports Parisiens. Il est probable que vous utilisiez des acronymes presque tous les jours via des messages directs ou des textos.

Les Graphiques Et Les Pyramides

Les modèles sont un autre type de mnémoniques. La pyramide alimentaire, pour être précis, enseigne aux enfants et aide les gens à se rappeler quels aliments sont plus importants que d'autres. Si vous jetez un œil à une pyramide alimentaire, vous verrez que les céréales complètes et les légumes occupent la plus grande partie au bas, tandis que les sucreries - le groupe alimentaire le moins important, que nous pouvons également éliminer de notre alimentation - se trouvent en haut. En regardant chaque ensemble, vous verrez leur niveau d'importance en fonction de leur position dans la pyramide.

Les Connexions

Les connexions sont un autre moyen de nous aider à mémoriser des choses grâce aux mnémoniques. Par exemple, on vous a peut-être enseigné le mot « long » lorsque vous cherchez la ligne longitudinale sur le globe, qui est la ligne la plus longue et qui relie les pôles Nord et Sud. La raison pour laquelle les gens se souviennent de ce mot est qu'il est la première syllabe du mot « longitudinal ».

Les Mots Et Les Expressions

Beaucoup de gens confondent les mots et les expressions avec les acronymes, mais ils sont différents. Lorsque vous formez un acronyme, vous créez généralement un mot court ou une abréviation. Cependant, lorsque vous utilisez un mot ou une expression pour vous aider à vous souvenir des choses, vous utilisez ce type de mnémonique. Par exemple, "Sous Son Manteau, La Rose" est souvent la manière dont les professeurs de musique enseignent les notes SSMR sur la clé de sol aux enfants. Il est plus facile de se souvenir de l'expression, après tout, que d'une série de lettres.

L'ordre des opérations en mathématiques est un

autre exemple courant de cette mnémonique. Cela se présente comme suit : Parenthèses, Exposants, Multiplier, Diviser, Ajouter et Soustraire. En prenant la première lettre de chacun de ces mots, on obtient PEMDAS. Le problème est que le nom réel de chaque symbole est presque impossible à retenir facilement pour les gens. Par conséquent, la mnémonique couramment utilisée est « Pour Emile Marceau, Deux Ananas Sucrés ».

Les Acrostiches

Un acrostiche est une forme poétique qui peut être utilisée comme mnémonique pour faciliter la récupération en mémoire. En effet, c'est une phrase dans laquelle les lettres initiales ou syllabes de chaque mot correspondent aux initiales des concepts ou mots à mémoriser.

Donc, pensez à une séquence de lettres pour vous aider à mémoriser un ensemble de faits dans un ordre particulier, comme « Douce Récolte Mûre, Fruits Sucrés, L'Automne S'avance Délicatement » pour les notes de musique, mais aussi « Mon Voisin Tient Même Joliment Sur Un Nénuphar » pour se rappeler de l'ordre des planètes.

8. Les Techniques De Mémoire De Base

Il se peut que vous ayez des difficultés à retenir les noms, les chiffres, les visages ou même les ingrédients dont vous avez besoin au supermarché. Peu importe ce que c'est, cela semble se produire souvent et vous avez du mal à vous en souvenir à chaque fois. Cela peut être frustrant pour n'importe qui. Heureusement, en plus des techniques dont nous avons déjà discutées précédemment, il existe des stratégies quotidiennes d'amélioration que vous pouvez également utiliser pour renforcer votre mémoire.

Prenez Des Notes

Nous avons déjà mentionné dans un précédent chapitre que vous devriez prendre des notes lorsque vous développez vos compétences d'observation. Cela vous aidera également à améliorer votre mémoire en général.

De nos jours, il est ardu de ne pas s'installer pour consigner les informations à retenir. Ouvrir un document Microsoft Word ou Google Doc et commencer à y taper les informations est bien plus rapide que de tout garder en mémoire. Cela vous permet de penser que, puisque vous réfléchissez à l'information et passez du temps à la taper, vous allez vous en souvenir plus facilement.

La vérité est que cela n'est utile que si vous devez écrire quelque chose rapidement. Cela n'améliore pas votre mémoire autant que d'écrire l'information à la main. Écrire intègre plusieurs sens, le toucher, la vue, et implique à la fois la mémoire à court terme et la mémoire à long terme en même temps. Cela stimule l'ensemble du cortex cérébral et active les facultés d'attention et de concentration.

La principale raison pour laquelle l'écriture fonctionne mieux est que vous réveillez des cellules cérébrales jusqu'alors délaissées lorsque vous commencez à utiliser votre main. Ces cellules, appelées système activateur réticulaire ou SAR, indiquent à votre cerveau de se concentrer davantage sur les tâches que vous effectuez.

Une autre raison réside dans le fait que, lorsque vous écrivez, vous avez davantage tendance à reformuler l'information avec vos propres mots. Plutôt que de taper l'information mot à mot, comme le font souvent les gens, vous prendrez le temps de réfléchir à ce qui a été dit et de le retranscrire à votre manière. Cela conservera la même signification mais avec une formulation différente. Étant donné que vous investissez de l'énergie dans cette réflexion, vous aurez plus de chances de vous souvenir de l'information.

Apprends Comme Si Tu Allais Enseigner

Certains pensent que la meilleure façon d'apprendre quelque chose est d'agir comme si tu allais l'enseigner. Que tu essayes de retenir des noms, une série de nombres, ou de mémoriser des informations pour un examen, plus tu crois que tu vas l'enseigner, plus tu seras engagé(e).Une autre astuce consiste à apprendre les informations en pensant que vous devrez les enseigner à un enfant. Cela vous aidera à mettre les informations sous une forme simple, ce qui rend toujours n'importe quelle idée plus facile à comprendre et à retenir. Comme l'a dit Einstein, si vous ne pouvez pas l'expliquer simplement, c'est que vous ne le comprenez pas assez bien.

Organisez Votre Esprit

Beaucoup de gens estiment que l'une des meilleures techniques à utiliser, surtout pour les débutants, est d'organiser son esprit. Lorsque vos pensées sont organisées, après tout, vous serez en mesure de mieux vous rappeler toutes les informations. Cela soulève également un choix de mode de vie important, car vous voudrez peut-être vous assurer que votre espace est propre et organisé. La raison en est que les gens se sentent souvent plus détendus dans une pièce bien rangée. Si vous voulez le faire pour votre maison, vous voulez le faire aussi pour votre esprit.

Prenez un moment pour réfléchir à ce que vous

ressentez lorsque votre bureau, votre établi ou votre plan de travail est encombré. Il faut beaucoup plus d'efforts pour se concentrer sur une tâche lorsque le désordre est partout, vous voyez. Maintenant, imaginez à quel point il sera plus facile d'accomplir cette tâche si votre espace de travail est propre.

À ce stade, vous vous demandez peut-être comment vous pouvez travailler pour rendre votre esprit plus organisé. Après tout, ce n'est pas exactement comme votre bureau au travail où vous pouvez prendre un objet et le ranger. Bien que cela soit vrai, il existe de nombreux conseils et astuces que vous pouvez utiliser pour organiser votre esprit.

Utilisez Une Liste Ecrite

Une fois de plus, vous pouvez utiliser une liste pour aider votre esprit à devenir plus organisé. En vérité, les gens se sentent naturellement plus à l'aise lorsqu'ils ont une liste sur laquelle compter. Pour commencer, cela leur permet de savoir exactement ce qu'ils doivent faire. De plus, si vous la traitez comme une liste de contrôle, vous pouvez rayer ce que vous avez fait.

Le but de ce conseil est quand vous voulez ne garder que les informations qui importent. Donc, en un sens, vous jetterez tout ce dont vous n'avez plus besoin de conserver. C'est pourquoi vous devez utiliser la méthode de la liste écrite de temps en temps.

Maintenez Une Cohérence

Il est fort probable que les objets de votre maison aient un endroit spécifique. Par exemple, votre cafetière trône sur le plan de travail de votre cuisine, la boîte à jouets de votre enfant est dans un coin de sa chambre, et vos couverts se trouvent dans un tiroir précis de la cuisine. Vous voulez faire la même chose avec votre esprit. Vous désirez vous assurer que chaque chose a une place précise. Par exemple, vous mettrez la liste des 45 présidents dans votre palais mental sous la forme d'un salon, tandis que la liste de tout ce que vous devez faire avant de déménager dans votre nouvelle maison ira dans le palais mental de votre bureau. Aussi longtemps que vous aurez besoin de ces listes, c'est là qu'elles seront conservées dans votre esprit. Ainsi, lorsqu'il vous faudra vérifier la liste pour vous assurer que vous êtes prête) pour votre déménagement, vous pourrez simplement imaginer votre bureau et en extraire les informations.

Soyez Conscient(e) Du Risque De Surcharge D'Informations

Nous vivons dans un monde où la technologie semble être présente dans tous les aspects de notre vie en permanence. Peu importe que nous utilisions un ordinateur portable, une tablette ou un smartphone - de nombreuses personnes sont en mesure de rechercher ce qu'elles veulent, quand elles le veulent, grâce à leur connexion Internet ou à leur forfait de données mobiles. En raison de cela, nos esprits peuvent être surchargés d'informations. Cela peut non seulement nous rendre fatigués et stressés, mais cela peut aussi nous pousser à oublier les choses importantes que nous devons nous rappeler alors que nous faisons face à un trop-plein d'informations. Être dans cette situation signifie que votre cerveau est encombré d'un tas d'informations inutiles. En plus de cela, votre esprit va commencer à absorber tout comme une éponge. En un sens, tout cela semblera être des informations sans importance pour votre base de données car elle ne peut plus faire la distinction entre ce qu'il est important de retenir et ce qui ne l'est pas.

Les Aide-Mémoire

Un autre conseil basique pour vous aider à améliorer votre mémoire photographique passe par le biais des Crochets Mémoire. C'est une technique qui est presque exactement comme son nom l'indique : vous accrochez votre mémoire, afin de ne pas l'oublier facilement. Cela suit le chemin selon lequel vous êtes plus susceptible de vous rappeler des informations qui vous "accrochent".

De nombreuses personnes utiliseront des crochets mémoire à un niveau émotionnel. Lorsque les gens font cela, ils ancrent leur mémoire à une émotion. Cette méthode fonctionne car nos sentiments peuvent souvent servir de déclencheurs pour certains souvenirs. Par exemple, si vous vous souvenez avoir failli être percuté(e) par un semi-remorque sur la route lorsque vous étiez plus jeune, vous pourriez être prudent(e) lorsque vous marchez autour de véhicules similaires ou de tout véhicule. Après tout, votre mémoire déclenche une réponse émotionnelle, qui, dans ce cas, est la peur.

Plus l'émotion que vous attachez à votre mémoire est forte, plus vous êtes susceptible de vous souvenir de ce que vous avez vécu dans le passé. Si vous avez dîné avec votre frère ou votre sœur la semaine dernière, par exemple, vous vous en souviendrez probablement et de l'endroit où vous êtes allés manger, mais vous pourriez ne pas vous rappeler davantage. Vous pourriez oublier de quoi vous avez parlé ; si c'était le cas, vous auriez à y réfléchir trop longtemps et n'obtiendriez que des bribes d'informations à la fin.

Bien sûr, vous n'avez pas besoin de vivre un événement pour utiliser des crochets mémoire émotionnels afin de vous souvenir de quelque chose. Peu importe ce que vous souhaitez rappeler, que ce soit un nom, l'adresse de votre nouvelle maison ou la définition d'un mot. Il vous suffit d'associer une émotion à l'information et de le mettre en correspondance avec une image visuelle censée représenter le sentiment associé.

Par exemple, si vous souhaitez mémoriser l'adresse de votre nouvelle maison, vous pouvez représenter les chiffres réels sous forme de points d'exclamation, étant donné votre excitation pour votre nouveau foyer. Vous pouvez également rendre la représentation visuelle un peu plus dynamique en faisant sauter les chiffres, comme s'ils étaient eux aussi enthousiastes à l'idée de votre nouvelle résidence.

Trois Eléments Importants

Pour que les crochets mémoire fonctionnent bien, vous devez vous rappeler trois éléments importants.

1. Le crochet mémoire doit être court et percutant. Il est toujours plus difficile de se souvenir d'un fait un peu long et sans intérêt. Ne perdez pas de vue, que vous devez accrocher l'information à votre esprit, afin qu'il sache la conserver dans votre réserve mnémonique.

2. Le crochet mémoire doit être facile à retenir. Cela ne vous sera d'aucune utilité si vous tentez de l'associer à une émotion que vous ne ressentez pas souvent ou qui n'est pas en adéquation avec l'information. Par exemple, si vous voulez vous souvenir de la date et de l'heure de votre prochaine intervention chirurgicale, vous ne voudrez sûrement pas associer un sentiment d'excitation à l'événement. Cependant, tout dépend du type de chirurgie que vous allez subir.

3. Ne retenez que les informations dont vous avez

réellement besoin dans votre crochet mémoire. Par exemple, si vous essayez de mémoriser votre nouvelle adresse mais que vous habitez toujours dans la même ville, vous n'aurez pas besoin de vous concentrer sur le rappel de la ville. Au lieu de cela, rappelez-vous simplement du numéro de la maison et du nom de la rue.

Conseils Pour Rendre Les Crochet Mémoire Intéressants

La manière dont vous rendrez les crochets mémoire intéressants dépendra de votre personnalité. Voici quelques conseils pour vous montrer comment vous pouvez créer un crochet pour votre mémoire.

1. Utilisez des jeux de mots pour faire savoir aux gens de quoi traite votre entreprise. Par exemple, si vous êtes dentiste, vous pouvez utiliser un slogan qui ressemble à "Si vous n'êtes pas fidèle à vos dents, elles deviendront fausses pour vous".

2. Utiliser l'humour est une autre excellente manière de créer un crochet intéressant.

3. Créer une parodie est une autre manière intéressante de concevoir un crochet. Vous pouvez en produire une en prenant une chanson et en modifiant quelques-unes de ses paroles afin qu'elles se lient à ce que vous souhaitez mémoriser.

4. N'ayez pas peur de mélanger et d'associer ou de trouver votre propre façon de rendre votre crochet mémoire extrêmement intéressant pour vous.

La Méthode Du Regroupement

Vous pouvez utiliser la méthode de regroupement pour presque n'importe quelle longue liste d'informations. Lorsque vous utilisez cette technique, vous regroupez essentiellement ou assemblez des morceaux d'informations. Par exemple, si vous avez 10 nombres à retenir, vous pouvez les associer par paire, ce qui signifie que vous n'avez à penser qu'à cinq nombres, ce qui est similaire à ce que votre mémoire peut retenir en ce qui concerne cette information. Par exemple, si vous avez une liste composée de 8, 5, 3, 2, 1, 7, 6, 9, 4 et 7, vous pouvez regrouper les chiffres comme suit : 85, 32, 17, 69 et 47. Prenez un moment pour examiner attentivement cet exemple et essayez de mémoriser les chiffres individuellement et les combinaisons séparément. Vous remarquerez que lorsque les chiffres sont regroupés, ils deviennent nettement plus faciles à retenir que lorsqu'ils sont énoncés un par un. Cela signifie qu'ils sont plus aisément encodés et stockés dans votre cerveau, du moins pour un certain temps.

La Technique De Liaison

Lorsque vous devez mémoriser une liste de noms, vous recourez souvent à la technique de liaison. Cette méthode s'applique généralement lorsque vous devez relier des détails adjacents à cette liste. Vous vous souvenez peut-être d'avoir passé un test avec deux colonnes à l'école primaire. Dans la première colonne figurait une liste de mots, tandis que la seconde présentait les définitions de certains de ces mots de la première colonne. Vous deviez alors relier chaque mot à sa définition correspondante à l'aide d'une ligne. Cette approche ressemble à ce que vous devez faire lorsque vous utilisez la technique de liaison.

La technique de liaison se compose de trois parties, incluant la création et le rappel d'une liste, ainsi que la pratique régulière de cette méthode. Même lorsque vous maîtrisez bien cette technique, prenez le temps de pratiquer le rappel d'une de vos listes au moins une fois par semaine. Sinon, la liste et la technique de liaison commenceront à se détériorer et à s'effacer de votre esprit.

L'essentiel, lors de la création de toute liste, réside dans l'assurance que chaque image ou mot est connecté au suivant. Par exemple, si vous établissez votre liste d'achats, commencez par prendre votre chariot. Ensuite, visualisez l'objet reposant sur le siège de votre chariot, tel un ananas en forme de bébé, supposons que ce soit le premier article de votre liste. Si le deuxième objet est une caisse de pommes, imaginez l'ananas se transformant en pommes poussant au sommet. Continuez ainsi à connecter votre liste jusqu'à ce que vous atteigniez le dernier élément. Il est crucial de se rappeler de tout dans le même ordre pour éviter d'oublier quoi que ce soit sur la liste.

La prochaine astuce consiste à se rappeler automatiquement du prochain article de votre liste de courses après avoir pris le premier. Grâce à cela, il ne vous faudra pas beaucoup d'énergie pour vous souvenir de l'ensemble de votre liste.

Il est important de noter que, lorsque vous pratiquez la méthode de liaison, vous n'avez pas besoin de ressentir le besoin de vous entraîner constamment à mémoriser la même liste.

Ce que vous voulez faire, c'est créer une nouvelle liste en utilisant cette technique. Par exemple, si vous faites vos courses une fois par semaine, vous pouvez transformer cet exercice mnémonique en une activité spécifiquement dédiée à cette tâche.

Le Principe SEE

Le principe SEE est une technique mnémonique que les gens utilisent souvent pour développer leur mémoire photographique dès le début. SEE est un acronyme, qui signifie les trois éléments de ce principe : Sens, Exagération et Énergie.

Le S pour Sens

Ce principe indique que plus vous utilisez vos sens pour encoder l'information, plus vous serez en mesure de transférer les données de la mémoire à court terme à la mémoire à long terme.

Le E pour Exagération

Le second principe stipule que vous devez être aussi créatif(ve), drôle et intéressant(e) que possible lorsque vous créez vos images, mots-clés, tableaux, graphiques, ou tout ce que vous utilisez pour rappeler plus rapidement une information. Pensez-y de cette façon : vous conduisez le long d'une autoroute et vous remarquez une file de semi-remorques sur l'autre côté.

Vous réalisez qu'une cabine est toute blanche, le camion derrière est blanc avec une ligne violette, la troisième cabine est rose, et la quatrième entièrement blanche.

Vous vous souviendrez plus facilement du véhicule de couleur rose et du blanc avec la ligne violettes, que des simples camions blancs, visuellement moins intéressants. Et vous auriez pu vous souvenir encore plus facilement d'un camion arborant des dessins étranges, drôles et inhabituels.

Le E pour Energie

La dernière composante du principe SEE souligne l'importance de s'assurer que les informations que vous tentez de mémoriser, ainsi que la manière dont vous souhaitez le faire, sont stimulantes.

Par exemple, préféreriez-vous visionner un diaporama sur la vie d'un Prince ou un film relatant son histoire ?

Vous opteriez très probablement pour le film plutôt que le diaporama, car les films apportent une énergie plus dynamique. Dans ce dernier, il y a une dynamique où vous pouvez vous imprégner de l'énergie que les acteurs véhiculent tout au long du film.

Les films sont mieux mémorisés car ils impliquent davantage, suscitent plus d'émotions et offrent plus d'excitation que d'autres formes d'images. Créez des images énergisantes que vous aurez du mal à oublier.

Des Conseils De Mémorisation

Nous avons toutes et tous des éléments à retenir de temps à autre. Des personnes trouveront la mémorisation aisée alors que d'autres éprouveront plus de difficultés avec le processus. Si vous appartenez à la seconde catégorie, mais que vous pensez qu'en fait ce n'est pas insurmontable, sachez que vous pouvez utiliser des astuces supplémentaires. Voici quelques-unes des meilleures méthodes pour mémoriser des informations.

Préparez-Vous à Votre Session d'Etude à la Mémorisation

Nous avons tous des techniques d'étude différentes. Il est important de prendre le temps de comprendre ce que vous devez faire pour mieux assimiler. Cela vous permettra d'améliorer considérablement vos compétences en mémorisation. Par exemple, vous pouvez constater que vous devez être au calme pour mieux retenir vos leçons. Si c'est le cas, alors vous devez chercher un environnement qui ne vous donne pas beaucoup de distractions. Ou si vous remarquez également que vous avez besoin d'avoir de la musique en arrière-plan car les mélodies vous aident à mieux vous concentrer, assurez-vous alors d'avoir la meilleure musique pour renforcer vos compétences en mémorisation.

Certaines personnes estiment qu'il est important pour elles de se préparer à travers une série d'étapes. Par exemple, vous pourriez devoir vider votre esprit de tout ce que vous avez appris ce jour-là. Ainsi, il est nécessaire de prendre le temps de regarder un bon film, de déguster une tasse de thé, de lire ou tout simplement de se détendre. Vous pourriez même remarquer que vous performez mieux lorsque vous méditez.

Si vous avez besoin d'explorer vos préparatifs avant de commencer à mémoriser, alors vous devriez le faire en fonction de votre emploi du temps. Néanmoins, il est toujours possible d'ajuster certaines des étapes au fur et à mesure que vous en apprenez davantage sur votre temps de préparation.

Enregistrez et Notez les Informations

Puisque l'écriture des informations est abordée ailleurs, je ne m'attarderai pas sur ce point. Mais, il est important de l'inclure également dans cette section.

Par exemple, si vous pensez qu'il est préférable d'enregistrer les cours de vos professeurs, assurez-vous de le faire. Cependant, vous devrez également prendre le temps d'écouter l'enregistrement et de noter toutes les informations importantes afin de pouvoir mémoriser ce que vous devez savoir.

Car, non seulement vous l'écoutez, mais vous prenez également le temps de stimuler vos cellules cérébrales en commençant à prendre des notes. Ces cellules cérébrales actives vous aident toujours à vous souvenir de plus d'informations également. N'oubliez pas de privilégier les cartes mentales aux notes standard. Les cartes mentales sont l'outil le plus puissant que vous puissiez utiliser.

Ecrivez à Nouveau les Informations

Les gens sous-estiment souvent l'importance de l'écriture des informations. En fait, beaucoup affirment qu'une des meilleures méthodes pour mémoriser véritablement les informations est de les écrire dès que vous les entendez pour la première fois, puis de les réécrire lorsque vous les rappelez. En d'autres termes, écrivez les informations de mémoire. Ne consultez pas l'enregistrement ni ne regardez pas ce que vous avez écrit précédemment. Prenez plutôt une feuille de papier vierge et écrivez simplement à partir de votre mémoire. Ensuite, vous pourrez comparer cela avec votre texte original.

Si vous trouvez que vous devez continuer à mémoriser les informations, n'hésitez pas à le faire. Cependant, si vous semblez bien vous en sortir avec la mémorisation seule, vous pouvez prendre du recul pour vous tester davantage. Par exemple, vous pouvez laisser de côté ces informations pendant quelques jours. Ensuite, essayez de réécrire les mêmes informations de mémoire et comparez les deux écrits. Si vous voyez que vous êtes toujours sur la bonne voie, continuez à vous tester en allongeant le laps de temps. Si vous remarquez que vous commencez déjà à oublier des choses, alors vous devriez augmenter le temps que vous consacrez à la mémorisation des informations.

Soyez votre Propre Professeur

Bien sûr, vous pouvez enseigner à quelqu'un d'autre ce que vous essayez d'apprendre, mais ce n'est pas toujours possible. Dans ce cas, il est important de prendre l'habitude de devenir votre propre professeur. En faisant cela, vous constaterez que vous êtes plus engagé(e) lorsque vous mémorisez les détails car vous avez l'état d'esprit nécessaire pour l'expliquer ou l'enseigner. C'est pourquoi vous devez vous assurer de comprendre les informations avant même d'essayer cette technique.

C'est une méthode populaire car elle vous rend plus concentré(e) et à définir les informations à mémoriser comme un objectif à réaliser. Si vous êtes comme la plupart des gens, vous aurez besoin de motivation pour suivre le processus de mémorisation car très peu de personnes aiment faire cette activité. Cette méthode, cependant, peut vous donner la motivation nécessaire.

Continuez à Ecouter les Enregistrements

Un dernier conseil est de ne pas arrêter d'écouter ce que vous avez enregistré. Beaucoup de gens pensent qu'une fois qu'ils ont écouté un enregistrement une fois et noté les informations importantes, ils peuvent déjà le mettre de côté. Pire encore, ils peuvent décider de le supprimer ou d'enregistrer une nouvelle conférence par-dessus. Les deux idées ne sont pas conseillées, car prendre le temps de continuer à écouter les conférences va aider votre mémoire à s'améliorer grâce à sa propre technique. Comme on a l'habitude de le dire : la répétition fixe la notion.

9. Les Techniques Avancées

Avant d'aborder des techniques plus avancées pour améliorer la mémoire, vous pourriez ressentir que les méthodes décrites ici ou dans le chapitre précédent sont soit élémentaires, soit trop complexes pour vous. Il est toujours plus aisé de commencer par les plus simples - celles que vous estimez plus accessibles - et de progresser pas à pas. C'est une décision qui dépend de votre personnalité et de votre niveau de mémoire actuel, et que personne ne peut vous dicter directement.

Un autre aspect à garder à l'esprit est que chaque technique vous semblera difficile au début. Cependant, une fois que vous aurez réussi à l'expérimenter avec succès à plusieurs reprises, vous finirez par la maîtriser rapidement.

La Méthode De La Voiture

La méthode de la voiture ressemble à l'utilisation d'une pièce de votre maison comme palais de mémoire. L'une des principales raisons pour lesquelles elle est considérée comme l'une des techniques les plus avancées est que certaines personnes ne connaissent pas les parties d'une automobile. De plus, elles peuvent être déroutées car elles ne perçoivent pas la voiture de la même manière qu'une pièce de leur maison. Ces personnes peuvent penser que passer du coffre à l'avant du véhicule est un peu plus confus que se déplacer autour d'une pièce. Comme mentionné précédemment, cependant, le niveau de confusion dépend de votre personnalité et de vos centres d'intérêt.

En même temps, la méthode de la voiture est hautement utile car beaucoup de gens possèdent une automobile qu'ils peuvent observer plutôt que simplement visualiser. Tout comme l'utilisation d'une pièce de votre maison, vous voudrez vous assurer de bien connaître votre voiture, ainsi que tout ce qu'elle contient, avant de commencer à utiliser cette technique. Par exemple, vous devriez vous familiariser avec les compartiments de rangement car c'est ici que les gens ont recours à cette méthode. Les voitures, en particulier les modèles les plus récents, peuvent avoir une douzaine d'unités de rangement réparties partout. Non seulement elles se trouvent sur le côté des portes, entre les sièges et à l'arrière des sièges, mais elles peuvent également être dissimulées dans le coffre.

Bien sûr, si vous n'avez pas de voiture, vous pouvez utiliser n'importe quel type de véhicule que vous connaissez bien, comme un avion, un bus ou un camion semi-remorque.

Un autre exemple que vous pourriez envisager est une liste d'animaux dans une réserve, qui prend soin des animaux blessés et abandonnés avant de les réintroduire dans leur habitat naturel. Vous pouvez utiliser ces informations pour vous assurer que vous et votre famille pourrez tous les voir sans avoir à consulter constamment la carte. De plus, connaître la liste par cœur vous permet de créer un jeu avec vos enfants où vous leur demandez de trouver ou de nommer les animaux présents. Ainsi, vous pouvez utiliser la méthode de la voiture pour mémoriser les animaux suivants : pingouin, lama, tigre, ours, aigle, bison, loup, canard et loutre.

Vous savez que le premier animal que vos enfants verront est le pingouin. Par conséquent, vous pouvez imaginer le pingouin à l'avant de votre voiture, considérant que vous souhaitez vous rappeler cette liste de l'avant vers l'arrière. Vous pouvez imaginer un pingouin glissant sur le capot de votre voiture. Ensuite, vous allez relier cette image à un lama, qui pourrait être au volant. Le tigre est peut-être assis sur le siège du passager, tandis que l'ours essaie de se glisser dans la poche à l'arrière du siège du conducteur. N'hésitez pas à continuer à utiliser cette liste avec la même méthode afin de mémoriser le reste des animaux de la réserve dans l'ordre où vous les verrez.

Le Système Des Chevilles

Le *système des chevilles* est une autre technique courante qui semble plus avancée pour certaines personnes. Lorsque vous avez recours à la méthode des chevilles, vous pouvez vous référer aux pinces à linge. En vérité, elles sont un peu similaires les unes aux autres. Cette technique utilise des images visuelles pour fournir un "*crochet*" ou une "*cheville*" à partir desquels accrocher vos souvenirs.

Ce système opère en établissant des associations mentales entre deux objets concrets de manière individuelle, qui seront ensuite appliquées aux informations à mémoriser.

Cette méthode implique la pré-mémorisation d'une liste de mots faciles à associer aux nombres qu'ils représentent. Ces objets constituent les "chevilles" du système. Généralement, cela implique de lier des noms à des nombres et il est courant de choisir un nom qui rime avec le nombre auquel il est associé.

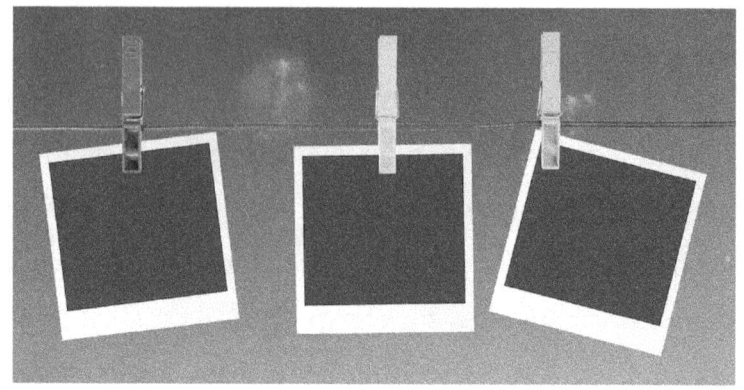

Une critique du système des chevilles est qu'il semble être applicable uniquement dans des situations triviales. Cependant, cette technique peut être utilisée pour se souvenir des listes de courses, des points clés dans les discours et de nombreux autres éléments spécifiques aux domaines d'intérêt de chacun.

Avec cette méthode, vous vous souviendrez facilement de la position numérique des éléments dans une liste, qu'ils soient séquentiels ou non.

Pourquoi Utiliser la Méthode des Chevilles

La méthode des chevilles est réputée être l'une des techniques couramment avancées pour plusieurs raisons.

1. Il y a beaucoup de flexibilité entre les listes

Lorsque vous parvenez à créer de la flexibilité avec les listes, vous pouvez réduire le risque d'interférence. Par exemple, vous pouvez utiliser des listes ordonnées ou alphabétiques à associer avec la méthode des chevilles. Bien sûr, de nombreuses personnes suggèrent que, lorsque vous commencez à utiliser cette technique, vous devriez choisir une liste avec laquelle vous êtes plus à l'aise, comme une liste ordonnée. Après avoir utilisé la méthode des chevilles quelques fois et compris comment elle fonctionne, vous pouvez ensuite utiliser différents types de listes.

2. Certaines personnes ne mémorisent pas bien les éléments

Si vous constatez que vous avez du mal avec la

mémorisation, vous pourriez réaliser que cette méthode ne vous est pas extrêmement utile. La raison en est que vous devez conserver un ordre, ce que la mémorisation ne garantit pas toujours. En outre, la méthode des chevilles vous permet d'utiliser n'importe quelle liste qui vous vient à l'esprit.

3. Vous pouvez rappeler directement les éléments

Bien que la *technique de liaison* soit idéale pour se souvenir des listes dans l'ordre, elle ne fournit pas un moyen facile de se rappeler, par exemple, le 7ème élément de la liste. Vous devriez commencer au début de la liste et compter mentalement en avant à travers les associations jusqu'à ce que vous atteigniez le 7ème élément.

Vous pouvez avoir 20 animaux dans un ordre spécifié qui suit la carte de la réserve, par exemple. Si vous souhaitez choisir le septième animal, vous devrez parcourir toute la liste en commençant par le premier jusqu'à ce que vous atteigniez l'animal n°7.

En revanche, avec le système des crochets mnémoniques, vous pouvez directement vous souvenir de l'article, par exemple : Sept = Poule.

Il y a plusieurs listes que vous mémoriserez suffisamment grâce à des images, et vous n'aurez pas toujours à en conserver l'ordre. Par exemple, si vous essayez de créer une liste avec les animaux de la réserve, vous pourrez éventuellement choisir les animaux vous-même sans avoir à parcourir toute la liste.

4. Vous pouvez utiliser le système des chevilles mnémoniques pour retenir plus d'informations

Comme précédemment mentionné, le système des chevilles mnémoniques offre une grande souplesse. En réalité, vous pouvez le fusionner avec d'autres techniques que vous avez apprises. Utilisez votre méthode de base préférée ou une autre technique avancée, en complément du système des chevilles mnémoniques, par exemple. En le pratiquant, vous pouvez ouvrir la voie à la capacité de coder, stocker et récupérer davantage d'informations que ce que vous pourriez faire avec une seule liste à la fois.

Une des listes courantes du système des chevilles mnémoniques est le système alphabétique. Si vous l'utilisez et le mélangez avec la technique de liaison, vous pouvez vous rappeler plus de 200 éléments dans une seule liste. Bien que cela puisse ne pas sembler possible maintenant, vous devez garder à l'esprit que vous n'allez pas placer tous les éléments de votre liste d'un seul coup. Comme de nombreuses listes ou cartes mentales qui ont pris des proportions gigantesques, c'est quelque chose que vous pouvez construire au fil du temps.

La Méthode des Rimes D'Ancrage

Si vous aimez les rimes, vous apprécierez la méthode des rimes d'ancrage. L'idée est de créer une liste de mots, puis de trouver d'autres mots qui riment avec eux. Par exemple, si vous avez un canard sur la liste, vous pouvez le faire rimer avec buvard. Cochon rime avec torchon, chien rime avec bien, chat rime avec achat, etc.

Mais généralement, on crée une liste de nombres, et on associe des mots qui riment. Par exemple :

0 = héros

1 = pain

2 = œufs

3 = croix

4 = battre

5 = trinque

6 = saucisse

7 = set

8 = huître

9 = bœuf

10 = appendice

La partie amusante de la méthode des rimes d'ancrage est que, grâce à elle, vous pourrez améliorer votre créativité.

Vous pouvez donner à la rime un rythme et créer une chanson drôle ou inventer une histoire dans laquelle vous commencez une phrase avec un mot spécifique, puis la terminez avec un mot qui rime.

Plus vous devenez créatif(ve) et prenez du plaisir avec ces informations, plus il vous sera facile de vous en souvenir lorsque vous en aurez besoin.

La Méthode des Associations Alphabétiques

Au sein de la méthode des associations alphabétiques, il existe deux types de listes que vous pouvez créer : les alphas phonétiques et les alphas concrets. Bien sûr, vous pouvez faire preuve de créativité et établir les vôtres lorsque vous vous sentez à l'aise avec le processus, mais voyons maintenant ces deux types.

1. Les alphas phonétiques

La liste des alphas phonétiques ressemble beaucoup à la méthode des rimes d'ancrage, mais vous devrez trouver une lettre qui sonne comme le mot. Par exemple, L sonne comme une aile. Par conséquent, vous pouvez imaginer une aile qui a la forme de la lettre L.

2. Les alphas concrets

Lorsque vous créez une liste d'alphas concrets, vous parcourez l'alphabet et trouvez un mot qui commence par la lettre correspondante. Il n'est pas nécessaire que les mots riment ; vous n'avez pas à vous soucier du son ou à leur donner des formes ou images ridicules. La liste que vous créez sera utile lorsque vous essayez de mémoriser certaines informations.

Par exemple, vous pouvez rassembler une liste alphabétique dans laquelle A représente l'abricot, B représente la boîte, C représente le cordon, D représente le disque, et ainsi de suite.

La Méthode des Formes d'Ancrage

Cette méthode est similaire aux autres méthodes, bien que sa principale distinction soit qu'elle utilise des formes. Fondamentalement, vous allez transformer les informations que vous voulez mémoriser en une certaine forme. La figure peut correspondre au mot ou être peut-être la première forme qui vous vient à l'esprit lorsque vous y pensez.

Par conséquent, de nombreuses personnes, surtout celles qui pratiquent souvent des techniques pour développer leur mémoire, affirment qu'elles se concentrent souvent sur le rappel des informations qu'elles veulent retenir après quelques semaines. C'est une excellente méthode que de nombreux concurrents de concours relatifs à la mémoire ont tendance à utiliser. Après la compétition, ils ne stimulent pas leur cerveau pendant quelque temps. Ensuite, plusieurs mois avant le concours, ils recommenceront à entraîner leur cerveau. Une fois le processus commencé, ils utiliseront non seulement une variété de techniques, telles que se chronométrer, mais ils s'entraîneront également avec différentes listes chaque semaine, voire plus souvent. Cela les aide de nombreuses manières.

Premièrement, cela permet aux joueurs de jeux de mémoire d'améliorer leur vitesse, ce qui est un facteur important lorsqu'il s'agit de concours. Deuxièmement, la pratique les aide à retenir les anciennes informations et à intégrer de nouvelles données dans leur base de données mnémoniques par le biais d'une méthode différente. Par exemple, ils peuvent se remémorer une liste de la semaine précédente puis se concentrer sur l'apprentissage d'une nouvelle liste par la suite.

Bien sûr, vous pouvez essayer la répétition espacée pendant six mois et ne pas toucher à la liste jusqu'à ce que vous en ayez besoin. L'intervalle dépendra principalement de votre capacité à vous rappeler la liste ; c'est pourquoi l'entraînement peut également prendre plus de temps que cela. Beaucoup de gens affirment que si vous avez des listes que vous voulez toujours mémoriser, vous devrez suivre la méthode de répétition espacée avec chacune d'entre elles. Cela garantit que vous serez capable de garder chaque information fraîche dans votre esprit. Dans mon livre "*Apprentissage Accéléré*", je révèle mon système d'étude personnel que j'utilise pour mémoriser des informations de façon permanente grâce à la répétition espacée.

Mémorisez Un Jeu De Cartes

Une autre excellente technique que de nombreux débutants utilisent pour stimuler leur mémoire photographique est la mémorisation d'un jeu de cartes. Si vous êtes en train d'apprendre à développer votre mémoire, vous pouvez avoir l'impression que c'est une tâche impossible car il y a exactement 52 cartes dans un jeu. Cependant, presque toutes les personnes qui se lancent dans un entraînement avancé de la mémoire photographique ont dû s'entraîner avec un jeu de cartes. Après tout, les cartes sont faciles à trouver. En fait, vous en possédez peut-être déjà un chez vous. En plus de cela, ils sont déjà bien conçus, comportent des numéros, et sont codés par couleur ; c'est pourquoi ils peuvent faciliter un peu le processus d'apprentissage lorsque vous essayez d'améliorer votre mémoire.

Il y a quelques éléments de base dont vous avez besoin lorsque vous vous apprêtez à mémoriser un jeu de cartes, en plus de vous assurer d'avoir un jeu complet. Vous devez également disposer d'une liste de 52 célébrités — celles que vous aimez et celles pour lesquelles vous n'avez pas vraiment d'affinité — ainsi que savoir comment créer un palais de mémoire.

Tout d'abord, il est essentiel de comprendre que, lors de l'apprentissage d'un jeu de cartes, vous devez utiliser une technique semblable à celle-ci. Sans une méthode adéquate, il vous faudra au moins une demi-heure pour mémoriser la moitié du jeu de cartes. De plus, faute d'avoir associé les cartes à quelque chose qui vous semble intéressant, les informations risquent fort d'être oubliées avec le temps. En fait, vous pourriez oublier tout ce que vous avez mémorisé en l'espace de quelques semaines seulement.

Créez Un Palais De Mémoire

La plupart des individus supposeront qu'ils doivent mémoriser les cartes en se basant sur les nombres et les motifs. Bien que cette approche puisse être utilisée avec une autre technique de mémorisation, cette méthode spécifique ne s'attarde pas sur de tels aspects. Au lieu de cela, vous devez vous concentrer sur la liste des 52 célébrités que vous avez consignée.

Afin de faciliter autant que possible la mémorisation des cartes, vous pouvez catégoriser votre liste de célébrités en fonction des symboles déjà présents sur les cartes. Par exemple, les carreaux peuvent être réservés aux célébrités les plus fortunées de votre liste. Les cœurs peuvent correspondre aux célébrités que vous affectionnez particulièrement, les piques à celles pour lesquelles vous n'éprouvez pas de véritable attirance, et les trèfles aux célébrités qui semblent trop fêtardes. Ensuite, vous souhaiterez associer vos célébrités avec des nombres pairs ou impairs. D'après mon expérience, il est toujours aisé de démontrer que les hommes correspondent aux nombres impairs, tandis que les femmes correspondent aux nombres pairs, ou vice versa.

Vous pouvez ensuite utiliser les membres de la famille royale pour représenter le roi et la reine dans le jeu de cartes. Par exemple, la Reine Elizabeth sera la Reine et le Prince Philip sera le Roi. Pour le joker, vous pouvez utiliser Jack Nicholson ou Heath Ledger, car les deux ont joué le Joker dans les films Batman.

De là, vous pouvez associer des célébrités à des nombres. Par exemple, vous pouvez estimer que les dizaines devraient être les célébrités les plus puissantes de votre liste. Pour les 9, vous pouvez décider qu'il s'agit de vos célébrités préférées, les 8 peuvent être des musiciens, et les 7 peuvent être des athlètes. Tout dépend de la manière dont vous avez listé leurs noms. C'est la meilleure façon pour vous de mémoriser votre jeu de cartes.

La Mémorisation et le Rappel

Une fois que vous avez organisé votre liste et associé les noms à vos cartes, vous commencerez alors à mémoriser ces cartes. En réalité, vous pouvez utiliser un palais de mémoire ou même une carte mentale pour cela. Il est essentiel de comprendre que vous n'avez pas besoin de mémoriser toutes les 52 cartes en une seule fois. Vous pouvez élaborer un plan de mémorisation progressif. Commencez peut-être avec cinq cartes chaque jour, ce qui est tout à fait acceptable. Toutefois, il est également important de vous rappeler des cartes que vous avez déjà mémorisées. Ainsi, le premier jour, concentrez-vous sur les cinq premières cartes. Le deuxième jour, rappelez-vous les cinq premières cartes, puis mémorisez les cinq cartes suivantes. Continuez ainsi jusqu'à ce que vous ayez mémorisé les sept dernières cartes.

La Méthode Militaire

Bien que les étapes associées à cette méthode soient simples, les débats sur l'efficacité de la technique militaire sont plus populaires que la méthode elle-même. Ceux qui n'ont jamais essayé cette technique ne devraient pas en parler. Certaines unités militaires l'utilisent depuis près d'un siècle pour développer leur mémoire photographique.

Pour amorcer le processus, prenez place dans une pièce obscurcie, une lampe à proximité. Assurez-vous d'avoir sous la main une feuille de papier blanc comportant une découpe juste assez grande pour accueillir un paragraphe de texte. Ensuite, prélevez une feuille et découpez-y un rectangle, à peu près de la taille d'un paragraphe standard d'un livre, puis placez-la délicatement sur une page de l'ouvrage.

Modifiez votre position par rapport au livre de sorte que votre regard se concentre instantanément sur les mots dès que vous ouvrez les yeux. Restez dans l'obscurité pendant un moment afin que vos yeux s'habituent à l'obscurité, puis allumez brièvement la lumière pendant une fraction de seconde avant de l'éteindre à nouveau. Vous aurez ainsi une empreinte visuelle des mots qui étaient devant vous. Quand cette empreinte s'effacera, rallumez brièvement la lumière pour à nouveau fixer le texte. En résumé, vous serez donc assis(e) dans une pièce obscure, alternant entre l'allumage et l'extinction des lumières pour mémoriser et percevoir mentalement les empreintes du texte que vous lisez. Continuez ainsi jusqu'à ce que vous puissiez lire le texte mot à mot. Lorsque vous percevez l'empreinte dans l'obscurité, vous ne voyez pas réellement le texte dans le noir ; votre cerveau se souvient plutôt d'une empreinte virtuelle d'informations, et c'est là l'idée derrière la mémorisation du texte.

Souhaiteriez-vous acquérir la compétence de regarder rapidement un texte et d'en voir l'empreinte dans votre esprit ? Toutefois, pour cela, vous devrez vous y exercer pendant au moins 15 à 20 minutes chaque jour pendant 30 jours. Cette pratique renforcera votre aptitude à jeter un coup d'œil sur une image ou un passage de texte et à le mémoriser instantanément.

10. Comment Se Souvenir...

Peu importe qui vous êtes, vous rencontrerez toujours des difficultés à vous rappeler quelque chose, que ce soit le nom d'une personne, un lieu, les plats préférés de vos enfants ou tout autre détail. C'est pourquoi il est primordial de renforcer votre mémoire photographique en utilisant les techniques que nous avons précédemment abordées. À ce stade, vous avez probablement expérimenté certaines d'entre elles et avez peut-être déjà une idée de celles avec lesquelles vous êtes à l'aise et celles qui nécessitent d'être davantage pratiquées.

Si vous n'avez pas encore pris le temps de construire votre premier palais de mémoire, vous devriez envisager de le faire prochainement. Bien que cela ne soit pas indispensable pour ce chapitre, plus tôt vous commencerez à édifier votre mémoire photographique, plus vous serez en mesure de vous remémorer les informations que nous allons discuter ici.

Ce chapitre se compose de deux parties principales. La première concerne l'apprentissage de la mémorisation des noms. Nous avons tous vécu cela. Nous rencontrons un membre de la famille de notre partenaire lors d'une réunion familiale. Puis, quelques mois plus tard, nous reconnaissons la personne au supermarché, mais nous ne parvenons pas à retrouver son nom dans notre mémoire. Bien sûr, c'est un peu embarrassant pour nous car cette personne se souvient du nôtre. Lorsque cela se produit, nous tournoyons souvent autour de l'idée de savoir comment lui faire comprendre que nous ne nous souvenons pas de son patronyme. Nous agissons comme si c'était le cas, mais nous ne prononçons jamais son nom ou ne le demandons pas. À la place, nous rentrons chez nous et demandons à notre partenaire comment s'appelle cette personne. Bien sûr, cela nous aide également à mieux nous souvenir d'elle. Ne vous inquiétez pas, c'est humain. Bien que nous puissions oublier un nom initialement, lorsque nous rencontrons à nouveau la même personne et devons échanger des politesses avec elle, nous sommes plus susceptibles de nous souvenir de son nom car nous avons l'impression d'avoir commis une erreur et ne voulons pas la répéter.

La seconde partie porte sur la mémorisation des chiffres. Avant l'avènement des téléphones portables, il semblait que les gens se souvenaient mieux des chiffres. Maintenant, cette tâche semble plus difficile, car il est bien plus aisé de les ajouter à votre liste de contacts que de les mémoriser. Cependant, imaginez-vous dans une situation où vous avez laissé votre téléphone dans la voiture et n'avez ni papier ni stylo pour noter le numéro d'une personne rencontrée dans un magasin. Ou bien, vous êtes au supermarché et avez oublié ce que votre partenaire vous a demandé de prendre, mais votre téléphone est resté dans la voiture. Vous pourriez bien sûr retourner au parking, mais que faire de votre chariot rempli de courses ? Vous pourriez donner le numéro à un inconnu pour qu'il appelle en votre nom, mais connaissez-vous même son numéro de téléphone portable ? Si, comme beaucoup d'autres personnes, vous n'êtes pas certain(e) à 100 % de votre numéro de portable, il est évident que vous êtes pratiquement condamné(e).

La Mémorisation Des Noms

Oh, les merveilles des badges nominatifs ! Vous êtes-vous déjà retrouvé(e) dans une grande assemblée et avez-vous constaté combien les badges nominatifs étaient utiles pour se rappeler les noms de chacun ? Vous souvenez-vous de votre première journée d'école, où vous avez non seulement fait le tour de la salle pour vous présenter, mais où votre nom figurait également sur votre pupitre, et peut-être même aviez-vous reçu un badge à épingler sur votre chemise ? Ou peut-être avez-vous appris à connaître les nouveaux camarades de classe de votre enfant en lisant leurs badges nominatifs. Cependant, cela ne garantit pas que vous vous souviendrez de leurs noms lorsque vous les rencontrerez de nouveau lors du spectacle scolaire de vos enfants quelques mois plus tard. Vous pourriez vous rappeler où vous les avez rencontrés et discuté, qu'ils portaient un costume bleu avec des chaussures bleues assorties, mais le nom pourrait déjà s'être échappé de votre mémoire.

Vous pouvez également vous souvenir de quelque chose concernant le caractère de la personne. Par exemple, alors qu'ils étaient assis de l'autre côté de la pièce, vous pouviez entendre presque tout ce qu'ils disaient en raison de leur voix forte.

Tous ces exemples sont des moyens de relier quelqu'un à son nom. Le premier est connu sous le nom de connexion au lieu de rencontre, tandis que les deuxième et troisième échantillons sont appelés respectivement connexions d'apparence et de caractère.

La Connexion Au Lieu De Rencontre

Lorsqu'il s'agit de rencontrer des gens à un endroit spécifique, vous pouvez utiliser ce lieu pour vous aider à vous souvenir de leurs noms. C'est une technique que vous utiliserez, parfois à travers votre subconscient, pour créer une association automatique. Cependant, cela ne garantit pas que le subconscient deviendra conscient lorsque vous en aurez besoin. Tout cela se produira automatiquement dans votre esprit. Cependant, vous pouvez également associer un autre lieu à certaines personnes par vous-même.

Quand vous envisagez une connexion au lieu de rencontre à travers votre esprit conscient, vous cherchez à trouver un moyen d'associer le nom et le visage de la personne avec l'endroit où vous vous trouvez. Par exemple, vous êtes au parc et votre fille commence à jouer avec une autre fille de son âge. Vous vous approchez de la mère de l'autre petite fille et vous vous présentez. Vous découvrez alors que le nom de la mère est Clarissa et que sa fille s'appelle

Alessandra. Pendant que vous parlez à la maman, vous essayez de trouver un moyen de vous rappeler leurs noms, ainsi que l'endroit où vous vous êtes rencontrés. Vous réfléchissez à la manière dont le nom Clarissa résonne comme un mot magnifique, puis vous le liez au parc car vous constatez que c'est un bel endroit.

Quelques mois plus tard, vous vous promenez avec votre fille qui commence à faire signe à un couple de personnes qui marchent en votre direction. Vous reconnaissez leurs visages, mais vous ne vous souvenez pas de leurs noms. Vous commencez alors à réfléchir à où vous les avez vus auparavant et vous vous rappelez que c'était au parc. C'est à ce moment-là que le mot « beau » vous vient à l'esprit, et vous vous souvenez que le nom de la maman est Clarissa. À partir de là, vous parvenez à vous rappeler que la fille s'appelle Alessandra. Au moment où vous les rencontrez sur le trottoir, vous connaissez à nouveau leurs noms..

Cette situation peut également se produire de manière inconsciente. Par exemple, à travers votre inconscient, vous pourriez simplement placer les visages dans le parc et ensuite vous souvenir des noms. Cela signifie qu'aucune pensée de votre part n'a été nécessaire pour associer les noms au parc ; au contraire, tout s'est déroulé dans votre esprit pendant que vous parliez à la mère d'Alessandra, Clarissa.

La Connexion D'Apparence

Tout comme avec la connexion au lieu de rencontre, vous pouvez associer les noms et l'apparence soit de manière inconsciente soit de manière consciente. Lorsque vous utilisez la connexion d'apparence, vous allez relier une partie de l'apparence physique de la personne que vous trouvez intéressante à son nom.

Lorsque les gens utilisent la connexion d'apparence, ils veillent à observer toutes les caractéristiques physiques de la personne. Bien que vous puissiez utiliser quelque chose comme ce que la personne porte, surtout si cela se démarque vraiment, il est plus courant d'utiliser des traits physiques tels que la couleur des cheveux, des yeux, le sourire, etc.

Imaginez-vous vous rendant à la société historique et au musée local pour discuter avec l'un des employés de la donation de vieux documents que vos arrière-arrière-grands-parents ont apportés lors de leur immigration de Norvège aux États-Unis. Lorsque vous franchissez les portes du musée, vous rencontrez une jeune fille assise à la réception. La première chose qui attire votre attention est la couleur violette de ses cheveux. Alors que vous commencez à lui expliquer la raison de votre visite, vous découvrez qu'elle se nomme Valentina et qu'elle est la personne à qui vous devez remettre les documents. Vous lui indiquez que vous les lui apporterez dans quelques mois, à votre retour de voyage. Elle vous informe que, lorsque vous reviendrez, il vous suffira de dire à la personne assise à la réception que vous devez la voir, et que vous n'aurez pas à payer le droit d'entrée si vous ne souhaitez pas visiter le musée. Vous la remerciez ensuite et quittez les lieux.

De retour au musée après quelques mois, vous réalisez que vous ne vous souvenez pas du nom de l'employée. Cependant, vous savez que quelqu'un pourra vous indiquer à qui parler. Alors que vous entrez dans le musée et que vous voyez un homme assis à la réception, vous vous souvenez donc qu'une femme aux cheveux violets était assise là et que son nom était Valentina.

La connexion d'apparence peut aussi fonctionner si vous rencontrez quelqu'un dans un endroit différent. Par exemple, vous êtes rentré(e) de votre voyage mais n'avez pas encore eu le temps de vous rendre à la société historique et au musée. Cependant, alors que vous faites vos courses, vous remarquez quelqu'un dont le visage vous semble familier. La personne vous sourit, puis vous remarquez ses cheveux violets. Vous vous souvenez alors qu'il s'agit de Valentina, la fille du musée.

La Connexion De Caractère

La connexion de caractère fonctionne comme la connexion d'apparence ; cependant, au lieu de se souvenir du nom de quelqu'un à cause de ses traits physiques, vous pouvez vous rappeler quelque chose de spécial à propos de son caractère. Comme les autres formes de connexion, cela peut se produire de manière inconsciente ou consciente.

Imaginons que vous rencontriez quelqu'un nommé Roger Nelson alors que vous faites vos courses à l'épicerie. Vous avez entamé une conversation avec lui alors que vous attendiez à la caisse, où la caissière tentait de réparer le registre de caisse. Ni vous ni Roger n'étiez pressés, et vous n'avez pas du tout été dérangé(e) par l'attente. Ainsi, vous avez laissé passer devant vous d'autres clients aux autres caisses ouvertes et fonctionnelles.

Alors que vous commenciez à parler à Roger, vous avez appris qu'il enseignait la psychologie à l'université locale. Vous avez également découvert qu'il avait trois enfants qui fréquentaient la même école que les vôtres. En fait, son fils est juste un niveau au-dessus de votre fille. Pendant que vous continuez à discuter avec lui, vous apprenez que Roger s'apprête à faire un voyage en Italie. Vous avez déjà visité l'Italie, alors vous commencez à lui dire quels endroits il devrait voir. Alors que la caisse recommence à fonctionner et qu'il commence à passer à la caisse, vous découvrez qu'il vient également de déménager de Londres, en Angleterre, ce qui explique son fort accent.

Quelques mois plus tard, vous assistez à la pièce de théâtre de votre fille à l'école lorsque vous voyez un homme au visage familier. Il vous sourit et commence à vous parler. C'est à ce moment-là que vous reconnaissez son accent. Vous vous souvenez alors qu'il doit partir en Italie, ce qui vous fait réaliser que cet homme s'appelle Roger. Alors que toutes les informations que vous avez précédemment apprises à son sujet vous reviennent en mémoire, vous lui demandez des nouvelles de son voyage, comment il trouve votre ville et s'il regrette Londres.

Dans cet exemple, vous remarquerez que vous ne devez pas simplement associer un nom à une seule caractéristique. La réalité est que vous pouvez également le faire avec des parties d'une conversation dans son ensemble. Seulement, la manière dont vous associez le nom à travers une connexion de caractère dépendra de ce que vous pouvez trouver intéressant ou non à propos de la personne.

La Mémorisation Des Chiffres

Lorsqu'il s'agit de chiffres, la personne moyenne peut retenir entre cinq et neuf chiffres. Bien que la plupart des gens ne se concentrent pas souvent sur l'amélioration de leur mémoire avec les chiffres, c'est tout aussi crucial que pour les noms. Ceci s'explique par le fait que les chiffres sont omniprésents dans notre quotidien. Non seulement il y a les numéros de téléphone, mais aussi les numéros de maison, de compte et de facture. En fait, lorsque nous voulons effectuer un achat en ligne, nous devons fournir les chiffres de notre carte de débit ou de crédit. Combien de fois vous a-t-on demandé votre numéro de carte de crédit, mais vous ne pouviez pas le donner immédiatement car vous ne l'aviez pas sous la main ? Au lieu de cela, vous devez retourner dans votre chambre pour prendre la carte dans votre portefeuille.

Ou bien vous êtes au téléphone avec un opérateur pour activer un service et vous devez fournir des données personnelles, et même dans ce cas, si vous ne les retenez pas, vous devez aller les chercher dans votre chambre. Si vous avez déjà été dans la même situation, vous savez à quel point c'est ennuyeux, non seulement pour vous, mais aussi pour la personne à l'autre bout du fil. Chacun a sa propre vie bien remplie, donc plus vous pourrez fournir rapidement vos données personnelles à l'appelant, plus vous pourrez vous concentrer rapidement sur autre chose. Comme mentionné précédemment, vous ne voulez pas vous concentrer sur la répétition incessante des chiffres pendant une période prolongée, car ils finiront très probablement par se retrouver dans votre mémoire à court terme. Bien que cela soit acceptable si vous décidez de noter le numéro, cela peut souvent donner l'impression que vous l'avez suffisamment répété pour le retenir. Malgré cela, lorsque vient le moment de le récupérer, vous échouez à vous rappeler certaines parties ou la totalité du numéro. Par conséquent, vous devez essayer d'autres techniques qui vous permettront de transférer les chiffres de votre mémoire à court terme à votre mémoire à long terme. C'est quelque chose que vous devez pratiquer régulièrement afin que les informations dans votre esprit ne commencent pas à se détériorer en quelques mois.

Dès le départ, je tiens à vous informer que vous pouvez utiliser la méthode des rimes pour vous souvenir des chiffres. Comme nous avons déjà discuté de cette technique, je ne vais pas l'expliquer à nouveau. Cependant, je tenais à la mentionner à nouveau ici car les gens l'utilisent couramment lorsqu'ils veulent se rappeler des chiffres. Voici d'autres pratiques que vous pouvez essayer.

La Technique Du Voyage

Une des techniques pour mémoriser une longue série de chiffres, tels qu'un numéro de carte de crédit ou un numéro de compte, est la méthode du voyage. Cela ressemble à la création d'un palais de mémoire, mais au lieu d'utiliser une pièce, vous êtes plus susceptible de vous emmener en voyage. Par exemple, si vous conduisez pendant une demi-heure pour vous rendre au travail cinq jours par semaine, vous pouvez dire que c'est votre voyage. Vous commencerez par observer scrupuleusement le chemin le matin, de sorte que vous serez attentif(ve) à tous les repères sur votre trajet. À partir de là, vous pourrez associer un chiffre à chaque repère. Cette technique combine le flux narratif de la méthode des liens et la structure et l'ordre des processus d'ancrage en un système très puissant. Cette technique est utile quand vous empruntez souvent le même itinéraire car vous pouvez vous souvenir aisément des associations. De plus, vous commencerez à devenir plus conscient(e) de votre environnement lorsque vous ferez des allers-retours entre votre domicile et votre lieu de travail.

La Méthode Des Formes Numériques

Il existe plusieurs manières d'utiliser la *Méthode des Formes Numériques*. Bien que l'élément principal soit d'associer un chiffre à une lettre, vous pouvez décider de la forme que prendront les chiffres. Par exemple, parce que le chiffre 5 ressemble à un S, beaucoup de gens les lient entre eux. Cependant, en ce qui concerne le chiffre 1, vous pouvez choisir entre T et D. Bien sûr, vous pouvez également associer le L au chiffre 1. Avec autant de correspondances possibles, cependant, vous pourriez préférer écrire la liste.

Etant donné que les formes sont limitées, beaucoup

de gens aiment associer les chiffres aux lettres. Cependant vous pouvez aussi choisir de créer une liste de formes et les associer aux chiffres. En général, il faut uniquement coupler les neufs premiers chiffres, ainsi que le zéro (0) avec des formes, car vous pouvez simplement doubler les formes si vous avez un chiffre double. Si par exemple le 0 est un cercle et le 4 une étoile, pour dire 40, vous pouvez insérer l'étoile dans le cercle.

Certains préfèrent associer les nombres aux lettres car il y a 26 lettres et 9 nombres à un seul chiffre. Cela signifie que vous pouvez lier plusieurs lettres à un nombre. Cela aide souvent à mémoriser des mots-clés ou des phrases. Ce système est également utilisé pour se rappeler des parties d'une histoire entendue auparavant. Par exemple, vous pouvez former le mot "BON" en considérant que 8 ressemble à un B, 0 ressemble à un O et 1 ressemble à un L.

11. Continuez A Renforcer Votre Mémoire

La mémoire photographique n'est pas un don inné. Vous avez bien une base de données mnémonique à la naissance, mais vous devez recourir à des techniques pour la développer. Par ailleurs, la mémoire photographique est semblable à l'utilisation d'un muscle : si vous cessez de l'exercer, elle risque de perdre en souplesse plus rapidement que prévu.

Il est donc crucial de s'assurer que vous continuez à développer votre mémoire grâce à différentes méthodes.

C'est souvent la raison pour laquelle les individus commencent par des stratégies de base avant de progresser vers des techniques plus avancées. Ainsi, ils augmentent lentement leur mémoire photographique au lieu de la laisser s'estomper trop rapidement.

Les Conseils Pour Vous Mener Au Succès

Il existe de nombreux facteurs qui contribuent à améliorer votre mémoire photographique. Vous devez non seulement utiliser des méthodes, mais aussi connaître certaines informations sur la façon de réussir en les utilisant. C'est là l'objectif de ces conseils. Ils sont là pour vous aider à atteindre votre plein potentiel tout en améliorant votre mémoire photographique.

Restez Concentré(e)

L'un des plus grands défis pour les personnes qui cherchent à améliorer leur mémoire est qu'elles ont du mal à rester concentrées. Elles peuvent laisser leur esprit divaguer lorsqu'elles travaillent sur des techniques ou essayent de se rappeler des informations. Pire encore, elles peuvent commencer à s'ennuyer avec une méthode particulière. Parfois, il est important de se rendre compte que si une technique devient ennuyeuse, vous ne devriez pas vous y attarder. Votre concentration peut en pâtir car vous n'êtes pas intéressé(e) par cette méthode.

C'est là tout l'avantage d'avoir accès à tant d'autres : en effet, nous pouvons choisir les plus captivantes et opter pour celles qui nous conviennent le mieux.

Une autre raison pour laquelle vous pourriez avoir du mal à maintenir votre concentration est que vous travaillez ou pratiquez la même technique depuis trop longtemps. Bien qu'il soit bénéfique de vous entraîner, assurez-vous de ne pas le faire trop fréquemment. En effet, on vous suggère de consacrer du temps chaque jour à améliorer votre mémoire, mais sans tomber dans l'excès. Si vous vous concentrez trop sur une seule méthode, vous risquez de vous sentir fatigué(e) et submergé(e), et de perdre de l'intérêt pour celle-ci. Cela peut ensuite vous amener à penser que vous ne devriez pas du tout essayer d'améliorer votre mémoire. Pour éviter ce problème, prenez tout avec modération et faites une pause chaque fois que vous en ressentez le besoin.

Le plus grand problème que vous pourriez rencontrer avec une pause survient généralement si vous êtes en train de créer un palais de mémoire. La plupart des gens vous conseilleront de ne pas vous interrompre lorsque vous le faites, car vous devrez probablement recommencer. En fonction de la force de votre mémoire, vous pourriez quand même être en mesure de faire une pause en cours de route, puis reprendre une fois que vous aurez plus d'énergie pour terminer votre palais de mémoire.

Cependant, si vous avez du mal à en créer un dès le départ, vous n'avez pas d'autre choix que de le terminer sans pause.

En réalité, la décision dépend de ce que vous voulez faire. Un facteur à prendre en compte est de savoir si vous serez en mesure de vous souvenir de la création de votre palais mental lorsque vous avez du mal à rester concentré(e). Si vous estimez que vous aurez du mal à le retenir lorsque vous reviendrez pour rappeler les informations, cessez de vous y concentrer et laissez-le aller immédiatement. Dans le cas où vous ne souhaitez pas abandonner, vous pouvez toujours prendre le temps de consigner les informations que vous avez parcourues. Cela peut vous aider à vous souvenir des choses lorsque vous reviendrez pour terminer votre palais mental.

Consacrez Du Temps Chaque Jour

La seule façon d'améliorer vraiment votre mémoire photographique est de consacrer du temps chaque jour à travailler sur votre mémoire. Rappelez-vous, vous devez vous concentrer sur le renforcement progressif de votre mémoire, car cela vous permettra de rappeler les informations que vous avez précédemment stockées dans votre esprit et vous aidera à vous sentir plus à l'aise lorsque le processus de renforcement de la mémoire commence.

En même temps, plus vous essayez de vous contraindre à apprendre rapidement, moins vous aurez de chances de pouvoir vous rappeler quoi que ce soit. Pensez à la façon dont vous avez étudié pour vos examens à l'école autrefois. Si vous avez révisé sous pression, vous n'avez probablement pas bien retenu vos leçons, même si vous avez essayé de les mémoriser. Il en va de même lorsque vous essayez d'assimiler un grand nombre de techniques de mémorisation en peu de temps au lieu de les apprendre lentement mais régulièrement.

Ne Vous Permettez Pas De Procrastiner

L'une des clés les plus importantes pour vous assurer de pouvoir améliorer votre mémoire photographique grâce à ces techniques est de vous empêcher de procrastiner. Vous souhaitez être efficace, surtout si vous utilisez plusieurs d'entre elles pour mémoriser des informations qui apparaîtront à votre examen. En effet, lorsque vous remettez les choses à plus tard, vous vous retrouvez à devoir apprendre rapidement et en peu de temps. Vous aurez alors l'impression de vous forcer à tout mémoriser rapidement, ce qui, comme indiqué précédemment, n'est pas ce que vous devriez faire. De plus, en remettant les choses à plus tard, vous risquez de vous retrouver submergé par l'ensemble de vos tâches d'un seul coup. Alors qu'auparavant vous aviez le temps nécessaire pour assimiler toutes les informations, la procrastination vous confronte désormais à un stress accru.

Comme vous vous en souvenez peut-être, le stress exerce une influence néfaste sur la mémoire, surtout s'il est chronique. Certains individus parviennent à maintenir un bon niveau de performance en période d'examens lorsqu'ils font face à un stress aigu.

Cependant, bon nombre d'entre nous mènent des vies déjà bien remplies et sont souvent soumis à un stress quotidien. L'ajout d'une nouvelle source de pression ne fait qu'accentuer cet état de tension habituel.

Découvrez Des Méthodes Pour Améliorer Votre Concentration

Bien que nous ayons déjà évoqué l'importance de maintenir sa concentration, il est désormais temps d'aborder les moyens permettant d'y parvenir. Et trouver des méthodes pour assurer une concentration maximale vous sera grandement utile, même si au départ, vous n'éprouvez aucun souci pour rester concentré(e).

Restez Toujours Maître De La Situation

Il arrive parfois que nous ayons l'impression de perdre le contrôle. Lorsque cela se produit, nous pouvons ressentir un chaos intérieur. Cependant, cette sensation n'est pas favorable lorsque vous essayez d'apprendre des techniques pour améliorer votre mémoire photographique. Si votre esprit n'est pas structuré et organisé, vous risquez de ne pas pouvoir retenir toutes les informations que vous voyez.

Cela vous frustrera davantage lorsque vous essayez de mémoriser des choses à l'aide de différentes techniques, ce qui peut entraîner d'autres problèmes. Par conséquent, plus vous vous sentirez en contrôle, plus vous réussirez à garder en mémoire les choses.

Pratiquez L'Autodiscipline

De nombreuses personnes oublient de faire la distinction entre la discipline et l'autodiscipline, ce qui est souvent la raison pour laquelle elles négligent de développer une bonne maîtrise dans leur mode de vie. Pourtant, il s'agit d'un des conseils vraiment essentiels que vous trouverez dans ce chapitre.

Lorsque vous essayez de cultiver la discipline personnelle, vous vous efforcez de vous comporter d'une manière spécifique. Par exemple, si vous souhaitez consacrer du temps chaque jour à pratiquer vos techniques de mémorisation photographique, vous devez vous imposer cette exigence. Même si la fatigue ou le manque d'intérêt vous empêchent parfois de consacrer quelques minutes à cet exercice, vous le ferez néanmoins, car vous vous êtes déjà conditionné(e) à respecter cette routine.

Pour maîtriser l'art de l'auto disciplines, plusieurs étapes majeures peuvent être suivies. Vous pourrez envisager cela comme des paliers à franchir ou comme des conseils pour vous mener à votre objectif de devenir une personne disciplinée.

Quelle que soit votre approche, il est primordial de comprendre qu'une fois que vous commencerez à développer l'autodiscipline, vous ressentirez un changement tout au long de votre journée.

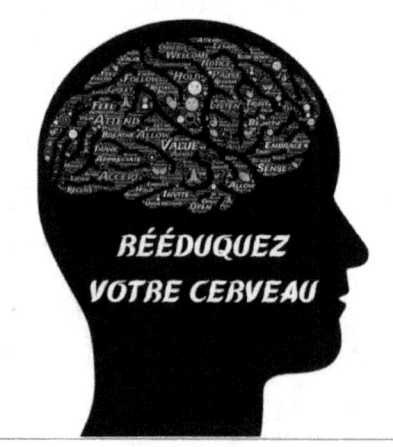

En effet, l'autodiscipline ne se limite pas uniquement à vos techniques de mémorisation, mais englobe également d'autres aspects de votre vie, tels que l'exercice physique, une alimentation saine et le respect de vos horaires de réveil.

1. Assurez-vous d'avoir un objectif ou une vision en tête

Il est essentiel de définir clairement votre objectif ou votre vision, afin d'être conscient(e) des techniques d'autodiscipline susceptibles de vous aider à améliorer votre mémoire. Que ce soit pour un usage quotidien, pour réduire les risques de maladie, ou pour participer à une compétition de mémorisation, vous devez avoir un but à atteindre ; sinon, vos efforts risquent d'être vains.

2. Essayez d'exercer votre autodiscipline avec un(e) ami(e) ou un membre de votre famille

Il est fort probable, que dans vos contacts, une personne ait besoin également d'améliorer son niveau d'autodiscipline. Vous êtes plus enclin(e) à persévérer dans vos efforts si vous avez quelqu'un(e) poursuivant le même objectif que vous. De plus, vous êtes moins susceptible de vous lasser si vous transformez cette démarche en une sorte de compétition amicale. Cependant, si vous n'avez personne pour vous lancer, vous pouvez définir des objectifs quotidiens à atteindre avant de passer au suivant.

3. Soyez engagé(e) à 100% dans le développement de votre autodiscipline

Il est fréquent qu'une personne ait une idée, qu'elle la trouve formidable, qu'elle veuille la concrétiser, mais qu'elle se rende compte que cette idée ne correspond pas vraiment à ce qu'elle ressent profondément. En conséquence, elle se retrouve peu investie dans la tâche qu'elle a entreprise.

Parfois, elle tente de poursuivre malgré tout, mais lorsque cela devient contraignant, elle réalise qu'elle ne souhaite plus avancer dans cette direction. Quelquefois, elle prend une pause et finit par oublier ce qu'elle a déjà accompli, ce qui l'oblige à recommencer. Toutefois, faute d'engagement, elle demeure incertaine quant à ses véritables aspirations.

Avant de commencer à travailler sur le développement de votre autodiscipline ou votre mémoire photographique, assurez-vous d'être pleinement investi(e) dans cette tâche. A ce stade, vous avez probablement parcouru une grande partie de ce livre et déterminé votre niveau d'engagement, alors, tenez bon.

4. Rappelez-vous que plus vous vous engagez à atteindre vos objectifs, plus vous aurez envie de travailler pour les réaliser.

Beaucoup de gens agissent sans être responsables de leurs actions. Cependant, lorsque votre objectif est de développer votre autodiscipline, vous serez plus disposé(e) à accomplir les tâches que vous vous êtes fixées. Maintenant, vous avez tous les outils nécessaires pour devenir responsable. Il vous suffit de les utiliser. Assumer la responsabilité de ses actes est un excellent moyen de le démontrer.

Vous pouvez aussi vous rendre responsable en

mettant en place un système de récompenses. Par exemple, si vous parvenez à achever ce que vous vous êtes fixé pour la journée, vous pouvez regarder un bon film. En revanche, si vous échouez, vous devez vous retenir de vous connecter à la plateforme de streaming.

12. La Pratique Mène A La Perfection

Vous pouvez envisager ce chapitre comme une prime pour vous initier à quelques techniques. Je vais vous guider à travers deux d'entre elles que nous n'avons pas encore officiellement abordées. Mon vœu est que, grâce à ce chapitre, vous pourrez commencer à perfectionner votre mémoire photographique à votre propre rythme.

Exercice #1 : Mémorisez Les Noms

Lisez l'histoire suivante et utilisez les trois techniques de connexion - lieu de rencontre, personnage et apparence - pour vous souvenir du nom du présentateur.

Donnie arriva en retard au bâtiment pour assister à la présentation, représentant ainsi son supérieur qui entretenait une amitié avec l'orateur. Bien qu'ils ne se soient jamais rencontrés, son supérieur connaissait bien l'intervenant. En raison de son retard, Donnie négligea de prendre un dossier d'informations à côté de la porte, qui aurait pu lui révéler le nom du conférencier. Une fois dans la

salle, il prit place discrètement tandis que la présentation était déjà en cours. À la fin, Donnie s'avança pour rencontrer l'intervenant. La première chose qui attira son attention fut le costume marron et les chaussettes bleues portés par l'homme. Il remarqua également qu'il arborait un anneau sur la lèvre ainsi qu'une imposante bague de mariage à l'annulaire. "Vous devez être Donnie," dit le présentateur avec un fort accent new-yorkais. "Je suis Fred Matthews. C'est un plaisir de vous rencontrer." Donnie sourit et échangea brièvement quelques mots avec Fred avant de s'éloigner et de retourner au travail.

Exercice #2 : Le Palais De Mémoire

Pour cet exercice, vous allez vous concentrer sur la création d'un palais de mémoire. Bien sûr, si vous en avez déjà édifié un et que vous n'êtes pas encore à l'aise avec cette démarche, vous n'êtes pas contraint(e) de vous y atteler immédiatement. Toutefois, il est recommandé de réaliser cet exercice lorsque vous serez prêt(e) à concevoir votre prochain palais mnémonique. À ce stade, vous allez vous concentrer sur une pièce de votre domicile. Vous dresserez également une liste des méthodes que vous pouvez utiliser pour améliorer votre mémoire photographique. Vous serez alors en mesure d'associer des mots-clés à chaque élément de votre palais mental. Par exemple, si vous souhaitez développer davantage de patience, sachant que vous aurez du mal avec un processus lent et régulier, votre mot-clé pourrait être simplement "patience". Si vous avez besoin de réduire le stress, vous pourriez utiliser "stress" comme mot-clé.

Avant de commencer, notez vos informations. Cela vous aidera à vous assurer que vous suivez un ordre précis, par exemple du plus important au moins important. Il faudra également écrire les mots-clés afin de ne pas avoir tout reconsidérer lorsque vous passerez à l'élément suivant de votre palais de mémoire.

Une Technique Bonus : L'Approche Basée Sur Les Emotions

À ce stade, vous comprenez que les émotions jouent un rôle prépondérant dans la capacité à mémoriser des informations. En effet, notre cerveau a tendance à mieux retenir les données lorsqu'elles sont liées à des sentiments. Cela ne signifie pas pour autant que vous devez associer des émotions à chaque information que vous souhaitez conserver en mémoire. Il existe néanmoins une technique qui met en évidence l'importance des émotions dans le processus de mémorisation.

Pour ancrer une émotion à certains détails, vous devez véritablement la ressentir. Lorsque vous pensez à une situation, par exemple, il faut la vivre. En même temps, rappelez-vous que votre cerveau ne gère pas aussi bien le multitâche que certains pourraient le penser. Il est bien plus bénéfique pour votre mémoire de vous concentrer sur une seule information à la fois. Ainsi, vous pourrez établir des connexions plus fortes qu'en tentant de ressentir l'émotion.

Maintenant, je vais vous donner une histoire riche en émotions. Pendant votre lecture, je vous invite à vous connecter avec vos propres ressentis. Imaginez ce que vous éprouveriez si vous étiez la jeune fille de l'histoire. Visualisez également son apparence, ses expressions faciales, et ses gestes, parmi d'autres détails. Considérez cela comme un film qui se déroule dans votre esprit, cette approche vous aidera à vous immerger dans vos émotions.

Il y a plus de dix ans, Alessandra se tenait devant la porte de la ferme de ses grands-parents. Elle repensait à l'époque où, à quinze ans, elle rangeait son instrument de musique dans le placard. Alors qu'elle y déposait sa clarinette, la secrétaire de l'école appela dans le haut-parleur : « Monsieur Cardinale, pourriez-vous envoyer Alessandra au bureau ? »

Alessandra salua son professeur alors qu'elle se

dirigeait vers le bureau. Tout le long du chemin, elle se demandait ce qu'elle avait pu faire de mal. Alessandra était une élève sage et n'avait presque jamais eu de problèmes. En arrivant au coin du couloir, elle aperçut sa mère, debout juste devant le bureau du directeur. Elle s'apprêtait à demander ce qui se passait lorsque sa mère, les yeux embués de larmes, lui annonça : « Tu dois rentrer à la maison, ton grand-père a fait une crise cardiaque et est à l'hôpital. »

Alessandra resta là pendant quelques secondes, cherchant ses mots. La seule chose à laquelle elle parvint à penser à dire fut : « Grand-père ? »

Sa mère hocha la tête tandis qu'Alessandra répétait ce mot dans sa tête. Elle se dirigea lentement vers son casier pour récupérer son sac à dos, son équerre et son compas. Alessandra se répétait sans cesse que c'était sa grand-mère qui avait été malade toutes ces années. Comment son grand-père, qui semblait en bonne santé, avait-il pu faire une crise cardiaque ?

En plus, il était encore jeune. Il n'avait que 68 ans.

La semaine suivante, le grand-père d'Alessandra rendit l'âme. Maintenant, 12 ans plus tard, Alessandra était de retour à la maison. Elle n'y avait pas mis les pieds depuis quelques mois après le décès de son grand-père, lorsque sa famille était venue récupérer les meubles pour une vente aux enchères. Elle passa ses doigts sur une fissure dans une vieille armoire en bois, puis fit quelques pas de plus dans la maison. La première chose qui lui revint à l'esprit fut le souvenir de son grand-père jouant de la guitare dans sa chambre à l'étage, dont la musique se répercutait dans toute la maison. Un sourire se dessina sur son visage en se remémorant comment elle montait les solides marches vers sa chambre et s'asseyait à côté de lui sur le lit, alors qu'il entamait une chanson idiote pour elle.

Alessandra regarda ensuite l'endroit où se trouvait la table à manger dans la cuisine. Elle se souvint comment elle était toujours garnie d'un grand repas le dimanche. Tout le monde revenait alors, il y avait de la bruschetta, des pâtes, du poulet, de la sauce, des pommes de terre rôties, du céleri, des sauces épicées. Elle prit une profonde inspiration, presque capable de goûter la nourriture.

Alessandra poursuivit son exploration de la maison. Par moments, elle s'arrêtait pour évoquer certains souvenirs de son enfance. À d'autres moments, elle contemplait les changements survenus dans cet endroit, en particulier toutes ces bouteilles d'alcool vides laissées par les fêtards. Elle se mit à les ramasser jusqu'à ce qu'elle remarque la chambre dans le coin. Depuis son enfance, Alessandra n'avait jamais aimé le placard de cette chambre. Bien qu'elle ressente une certaine envie d'y pénétrer, elle hésitait également, redoutant ce qu'elle pourrait y trouver. Elle ne parvenait pas à expliquer pourquoi ce placard lui inspirait un tel malaise. Quoi qu'il en soit, elle préférait se concentrer sur la tâche plus urgente de ramasser toutes ces bouteilles vides, qui n'avaient pas leur place dans la maison de son grand-père.

Cependant, tandis qu'elle ramassait une bouteille, Alessandra réalisa que cela n'avait plus vraiment d'importance. Bien que cet endroit soit toujours la propriété de sa mère, c'était également une maison de fête, qu'elle le souhaite ou non. Peu importe le nombre de bouteilles de bière collectées, elle en trouverait toujours davantage lors de ses visites ultérieures.

Alors quelle retournait à sa voiture, elle jeta un dernier regard à la maison et au jardin. Elle vit l'ancienne balançoire et esquissa un sourire. "J'ai eu une merveilleuse enfance," se dit-elle avant de démarrer.

Conclusion

Un grand débat anime le domaine de la psychologie concernant l'existence de la mémoire photographique. Certains affirment qu'elle est inexistante, arguant que nous manipulons notre esprit pour nous souvenir de certaines choses à l'aide de différentes stratégies. D'autres la confondent souvent avec la mémoire eidétique, bien que celle-ci soit plus fréquente chez les enfants que chez les adultes (Foer, 2016). Néanmoins, de nombreuses personnes soutiennent que la mémoire photographique est bien réelle, mais qu'elle est simplement mal comprise. En effet, elle ne fonctionne pas comme l'observation d'une photographie. Au lieu de cela, il faut utiliser des techniques pour se souvenir de ce qui est déjà enregistré dans notre banque de mémoire. Maintenant que vous avez appris différentes stratégies pour améliorer votre mémoire photographique, il vous appartient de décider par vous-même : la mémoire photographique existe-t-elle réellement ?

Grâce aux techniques fondamentales et avancées que vous avez assimilées dans ce livre, vous devriez pouvoir améliorer votre mémoire. Il se peut que vous ne le constatiez pas immédiatement ; cela peut aussi demander un peu de temps pour bien comprendre et intégrer naturellement les concepts. Néanmoins, avec de la patience et de la détermination, vous parviendrez à surmonter les difficultés et à commencer à renforcer votre mémoire.

Vous avez non seulement acquis une compréhension de ce qu'est la mémoire, mais vous avez également exploré les trois phases de son fonctionnement et les obstacles pouvant perturber le processus. De plus, vous avez étudié les différentes formes de mémoire, en accordant une attention particulière à la mémoire photographique. En parcourant les pages de ce livre, vous avez pu vous familiariser avec les avantages potentiels de la mémoire photographique, car il est essentiel de comprendre pourquoi vous devriez investir dans son développement. Les bénéfices évoqués dans cet ouvrage, tels que l'amélioration des performances académiques, le renforcement de la confiance en soi, la promotion de la pleine conscience et la capacité à mémoriser des informations spécifiques de manière plus efficace, illustrent quelques-unes des raisons qui devraient vous encourager à cultiver votre mémoire photographique.

Les optimisations du mode de vie représentent une autre voie vers l'amélioration de votre mémoire. En effet, lorsque vous parvenez à obtenir suffisamment de sommeil et à faire de l'exercice, la création de votre propre palais de mémoire devient plus facile que vous ne le pensez. De plus, vous avez également appris à créer votre propre carte mentale et à comprendre le fonctionnement des mnémoniques. C'est un excellent début pour vous assurer que vous maîtrisez à la fois les techniques de base et avancées évoquées dans ce livre, du principe SEE à la méthode basée sur les émotions.

Il est essentiel que vous compreniez que votre

apprentissage ne s'arrête pas ici. En effet, vous pouvez continuer à enrichir votre mémoire à travers mes deux prochains ouvrages de cette série. Le second livre, intitulé "*Entraînement de la Mémoire*", se concentre sur les exercices de stimulation cérébrale et les jeux de mémoire. Puis, vous poursuivez avec le troisième, intitulé "*Amélioration de la Mémoire*", qui se focalise sur les habitudes saines que vous pouvez adopter pour renforcer votre mémoire. Comme il s'agit du premier livre de la série, prenez le temps de comprendre au moins quelques-unes des techniques mentionnées dans les chapitres précédents.

De plus, il se peut que certaines techniques, comme la méthode de la voiture ou la technique de liaison, ne vous conviennent pas simplement parce qu'elles ne correspondent pas à votre personnalité. Néanmoins, n'oubliez jamais l'importance de continuer à perfectionner votre mémoire. Même si vous vous lancez dans une compétition de mémoire à travers le monde, il est essentiel de viser toujours à avoir la meilleure mémoire possible. Cela vous permettra non seulement de vous rappeler une variété d'informations tout au long de votre vie, mais aussi de réduire vos risques de développer des troubles cognitifs, tels que la démence et la maladie d'Alzheimer.

Votre cerveau est l'une des parties les plus importantes de votre corps. Par conséquent, vous devez faire tout ce qui est en votre pouvoir pour le maintenir actif et en bonne santé. En faisant cela, vous pouvez accomplir davantage de choses, vous sentir plus énergique et améliorer votre bien-être mental et physique.

À mon sens, il n'y a rien de négatif à consacrer au moins 15 minutes de votre journée pour vous assurer de faire tout ce qui est nécessaire pour permettre à votre cerveau de continuer à fonctionner au mieux de ses capacités.

Posséder une mémoire photographique développée est une compétence très unique qui vous donnera un avantage sur toutes les personnes autour de vous.

EDOARDO ZELONI MAGELLI

ENTRAÎNEMENT DE LA MÉM●IRE

Jeux de Mémoire et Entraînement
Cérébral pour Améliorer la Mémoire
et Prévenir les Pertes de Mémoire
-
Entraînement Mental
pour la Concentration
et les Fonctions Cognitive

EDOARDO
ZELONI MAGELLI

EDOARDO ZELONI MAGELLI

AMÉLIORER SA MÉM●IRE

Le Livre sur la Mémoire pour Développer la Puissance Cérébrale

-

Alimentation et Habitudes Saines pour Renforcer la Mémoire, Se Souvenir Davantage et Oublier Moins

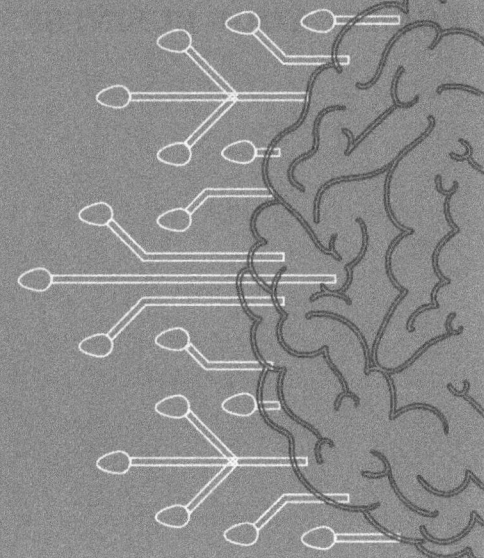

EDOARDO
ZELONI MAGELLI

UPGRADE YOUR MIND -> zelonimagelli.com

UPGRADE YOUR BUSINESS -> zeloni.eu

Références bibliographiques

Alban, D. (2018). *36 Proven Ways to Improve You Memory*. Retrieved from https://bebrainfit.com/improve-memory/

Beasley, N. (2018). *Difference Between Eidetic Memory And Photographic Memory*. Retrieved from https://www.betterhelp.com/advice/memory/difference-between-eidetic-memory-and-photographic-memory/

Boureston, K. (n.d.). *How to Develop a Photographic Memory: The Ultimate Guide*. Retrieved from https://www.mantelligence.com/how-to-develop-a-photographic-memory/

Buzan Tony, Buzan Barry (2018). *Mappe mentali. Come utilizzare il più potente strumento di accesso alle straordinarie capacità del cervello per pensare, creare, studiare, organizzare*

Foer, J. (2016). *Slate's Use of Your Data*. Retrieved from https://slate.com/technology/2006/04/no-one-has-a-photographic-memory.html

Friedersdorf, C. (2014). *What Does it Mean to 'See With the Mind's Eye?'*. Retrieved from https://www.theatlantic.com/health/archive/2014/12/what-does-it-mean-to-see-with-the-minds-eye/383345/

Improve Your Memory With a Good Night's Sleep. (n.d.). Retrieved from https://www.sleepfoundation.org/excessive-sleepiness/performance/improve-your-memory-good-nights-sleep

Kubala, J. (2018). *14 Natural Ways to Improve Your Memory.* Retrieved from https://www.healthline.com/nutrition/ways-to-improve-memory

Lerner, K. (n.d.). *Hook Line & Sinker - Secrets to a Great Memory Hook.* Retrieved from https://www.topleftdesign.com/blog/2009/11/hook-line-sinker-secrets-to-a-great-memory-hook/

Mcleod, S. (2013). *Memory, Encoding Storage and Retrieval.* Retrieved from https://www.simplypsychology.org/memory.html

Memory Process - encoding, storage, and retrieval. (n.d.). Retrieved from http://thepeakperformancecenter.com/educational-learning/learning/memory/classification-of-memory/memory-process/

Memory Techniques - Association, Imagination and Location. (n.d.). Retrieved from https://www.academictips.org/memory/assimloc.html

Method of Loci - Increase Memory Using your Home's Map. (2011). Retrieved from https://www.mind-expanding-techniques.net/memory-strategies/method-of-loci/

Mind Mapping - How to Mind Map. (n.d.). Retrieved from https://www.mindmapping.com/

Mind Mapping Basics. (n.d.). Retrieved from https://simplemind.eu/how-to-mind-map/basics/

Mohs, R. (n.d.). *Improving Memory: Lifestyle Changes.* Retrieved from https://health.howstuffworks.com/human-body/systems/nervous-system/improving-memory1.htm

Negroni, J. (2019). *How to Memorize More and Faster Than Other People.* Retrieved from https://www.lifehack.org/articles/productivity/how-memorize-things-quicker-than-other-people.html

Pinola, M. (2019). *The Science of Memory: Top 10 Proven Techniques to Remember More and Learn Faster.* Retrieved from https://zapier.com/blog/better-memory/

Qureshi, A., Rizvi, F., Syed, A., Shahid, A., & Manzoor, H. (2014). *The method of loci as a mnemonic device to facilitate learning in endocrinology leads to improvement in student performance as measured by assessments.* Retrieved from https://www.ncbi.nlm.nih.gov/pmc/articles/PMC4056179/

Step 3: Memory Retrieval | Boundless Psychology. (n.d.). Retrieved from https://courses.lumenlearning.com/boundless-psychology/chapter/step-3-memory-retrieval/

The Good And Bad Things. (n.d.). Retrieved from https://photographic-memory-science.weebly.com/the-good-and-bad-things.html

The Journey Technique: – Remembering Long Lists. (n.d.). Retrieved from https://www.mindtools.com/pages/article/newTIM_05.htm

The Study of Human Memory. (n.d.). Retrieved from http://www.human-memory.net/intro_study.html

Types of Memory. (n.d.). Retrieved from https://learn.genetics.utah.edu/content/memory/types/

Types of Memory | Boundless Psychology. (n.d.). Retrieved from https://courses.lumenlearning.com/boundless-psychology/chapter/types-of-memory/

Wik, A. (2011). *How To Remember Anything Forever with Memory Hooks.* Retrieved from https://roadtoepic.com/remember-anything-forever-with-memory-hooks/

www.ingramcontent.com/pod-product-compliance
Lightning Source LLC
Chambersburg PA
CBHW051544020426
42333CB00016B/2086